Abbas Youssef

Insectos cochonilhas do Egipto

Abbas Youssef

Insectos cochonilhas do Egipto

Descrição laboratorial e de campo

ScienciaScripts

Imprint

Cover image: www.ingimage.com

This book is a translation from the original published under ISBN 978-620-2-00897-6.

Publisher:
Sciencia Scripts
is a trademark of
Dodo Books Indian Ocean Ltd. and OmniScriptum S.R.L publishing group

120 High Road, East Finchley, London, N2 9ED, United Kingdom
Str. Armeneasca 28/1, office 1, Chisinau MD-2012, Republic of Moldova, Europe
Printed at: see last page
ISBN: 978-620-7-66602-7

ÍNDICE DE CONTEÚDOS

PREFÁCIO

Os Coccoidea são uma das quatro "Superfamílias" da Subordem

Os Sternorrhyncha pertencem à ordem Hemiptera (Gullan & Cook 2007) com pelo menos 30 famílias e cerca de 8000 espécies (Andersen 2010). A fêmea adulta não é móvel e está escondida por uma capa protetora, a armadura ou escama; o macho adulto é móvel. A escama é construída principalmente de material secretor, com a inclusão de peles fundidas. Em geral, a pele fundida do primeiro estádio pode ser exposta ou adicionada ao material secretor que forma a exúvia. A pele fundida do segundo estádio pode tornar-se esclerotizada e envolver o terceiro estádio, que é fechado por material secretor ou descartado.

Este grupo de insectos cochonilhas contém uma proporção de espécies prejudiciais que atacam vários frutos e outras plantas cultivadas. Alimentam-se de diferentes partes das plantas, incluindo raízes, troncos, caules, folhas, botões e frutos. As cochonilhas são pragas importantes das culturas. São facilmente transportadas entre países e são importadas e exportadas por produtos agrícolas, como os frutos. Por conseguinte, constituem uma grande preocupação para as agências de quarentena e as cochonilhas que são interceptadas no comércio agrícola internacional têm de ser identificadas rapidamente e com precisão.

O presente livro pode servir para entomologistas económicos e outros cientistas envolvidos na proteção das plantas. De igual modo, deverá ser útil para especialistas, trabalhadores dos serviços de quarentena e estudantes. São apresentadas informações sobre o carácter das cochonilhas para ajudar a identificar as cochonilhas do Egipto.

INTRODUÇÃO

As cochonilhas são um grupo muito importante de insectos, incluindo muitas espécies nocivas para as plantas ornamentais, agrícolas e de estufa; alimentam-se de diferentes partes das plantas, incluindo raízes, troncos, caules, folhas, botões e frutos. Diaspididae é a maior família da superfamília Coccoidea, com mais de 2400 espécies. A família Diaspididae está presente no Egipto com 94 espécies pertencentes a 47 géneros; a classificação, tal como seguida, no presente trabalho diz respeito a 2 subfamílias: Aspidiotinae e Diaspidinae.

Uma escama couraçada é um minuto; a fêmea adulta não é móvel e está escondida por uma capa protetora, a armadura ou escama; o macho adulto é móvel. A escama é construída principalmente de material secretor com a inclusão das peles fundidas. Em geral, a pele fundida da primeira fase pode ser exposta ou adicionada ao material secretor que forma a exúvia. A pele fundida do segundo estádio pode tornar-se esclerotizada e envolver o terceiro estádio, que é fechado por material secretor ou descartado.

1. CARACTERES GERAIS DA FAMÍLIA DIASPIDIDAE

➢ Capa Exuvia:

A escama da fêmea é maior do que a do macho, enquanto a forma e a cor podem ser semelhantes ou nitidamente diferentes.

- **Feminino**
  1. Localizados dorsalmente, dorsal e ventralmente (tipo bivalve), ou dorsalmente com uma fina cobertura protetora ventral.
  2. Forma circular, oval, alongada, filiforme e de concha de ostra.
  3. Pupilares (totalmente fechados por uma cobertura), representados por parasitas das seguintes tribos Diaspidini, Parlatorini, Leucaspidini e Aspidiotini.

- **Homem:**
  1. Formado apenas durante as fases I e II.
  2. Mais pequena do que a escama feminina, com uma forma oval alongada.

➢ **Forma diferente da balança feminina:**

A escama da fêmea é maior do que a do macho, enquanto a forma e a cor podem ser semelhantes ou nitidamente diferentes.

Formas de armadura feminina

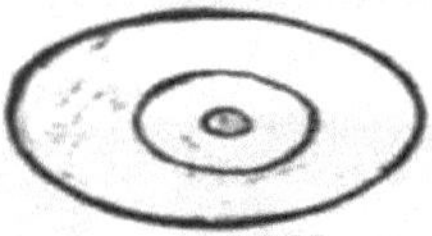

(X12)
Circular shaped. Florida red scale (*Chrysomphalus aonidum* (Linn.)), *daulacaspis*

(X20)
Oval-shaped. Chaff scale (*Parlatoria pergandii* Comstock))

(X20)
Oval-shaped. Cyanophyllum scale (*Abgrallaspis cyanophylli* (Sign.)),

(X22)
Elongate oval-shaped. Proteus scale (*Parlatoria proteus* (Curtis)).

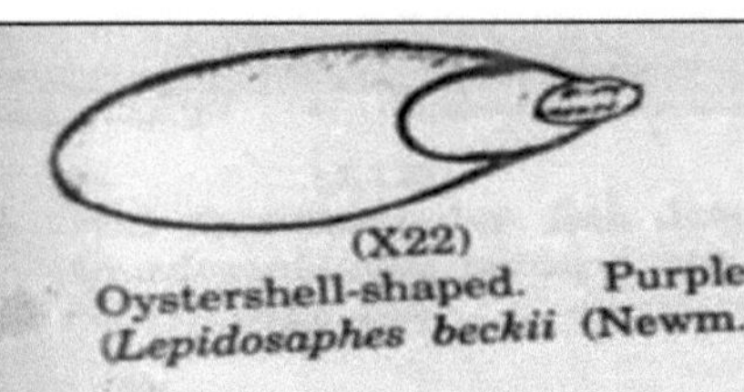

(X22)
Oystershell-shaped. Purple scale (*Lepidosaphes beckii* (Newm.))

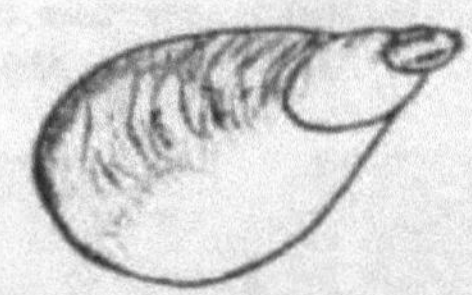

(X20)
Pear-shaped. False oleander scale (*Pseudaulacaspis cockerelli* (Cooley)),

(X30)
Shield-shaped. Tea scale (*Fiorinia theae* Green),

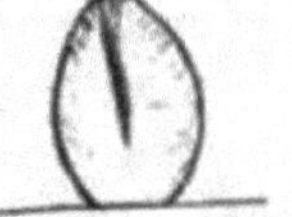

(X17)
Clam-shaped. Quohog-shaped scale (*Palinaspis quohogiformis* (Merrill)),

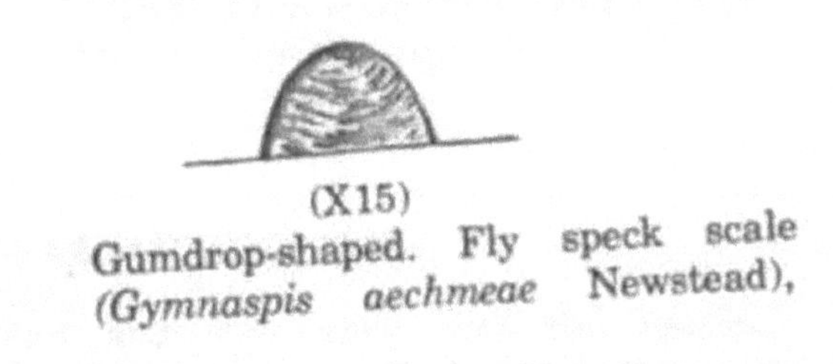

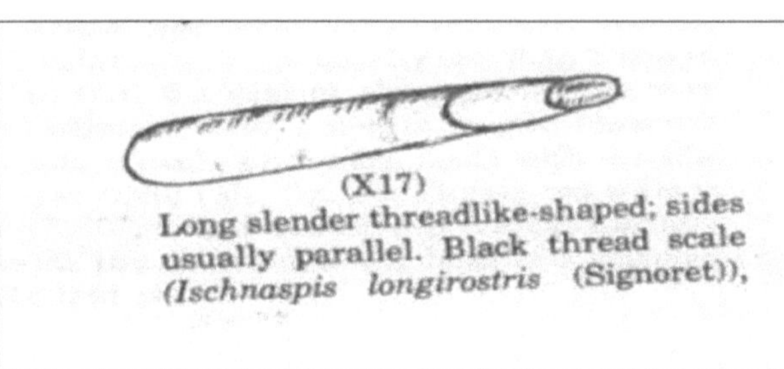

Formação da exúvia:

Cobertura dorsal protetora construída a partir de cera produzida pelos vários ductos dorsais e ventrais para todas as fases femininas, exceto lagartas, e todas as fases masculinas, exceto lagartas e adultos.

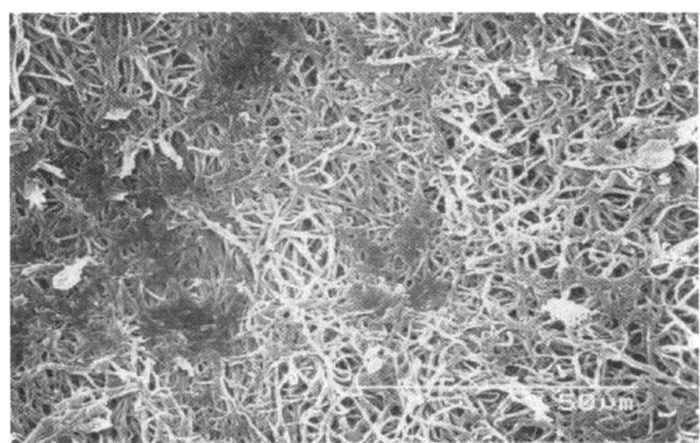

Teste feminino: superfície dorsal na região anterior

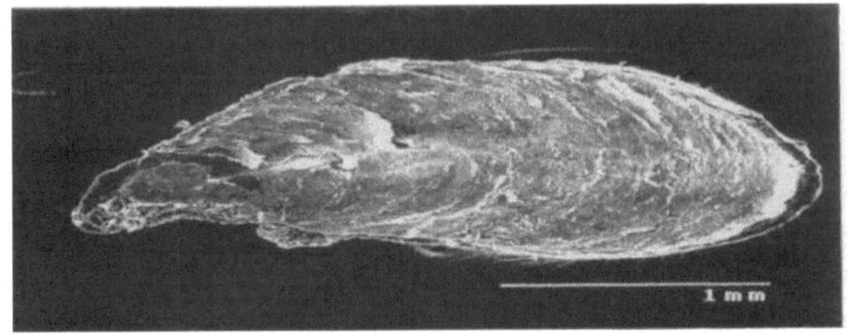

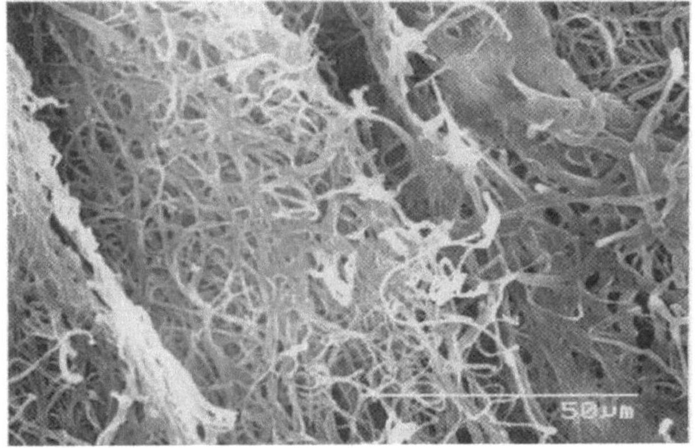

Teste feminino: superfície dorsal na parte posterior

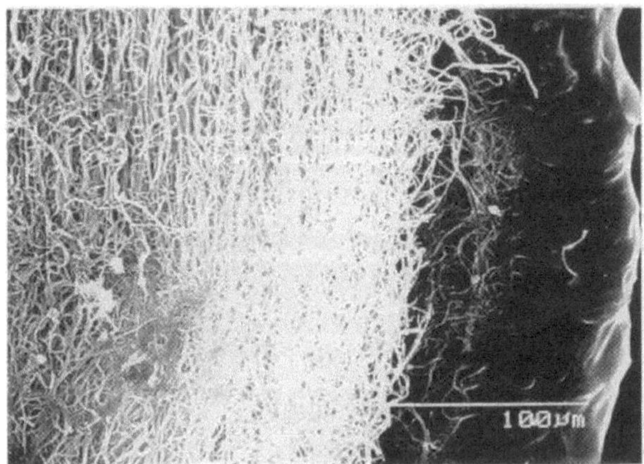

Teste feminino: extremidade posterior, vista dorsal

2. MORFOLOGIA DA FÊMEA ADULTA

1 - Segmentação:

Em todos os insectos cochonilhas diaspidídeos, existe uma forte tendência para os segmentos do corpo estarem fundidos. Cabeça e pro, meso e metatórax formando o Prosoma, e o Postsoma ou segmentos abdominais com 8 segmentos.

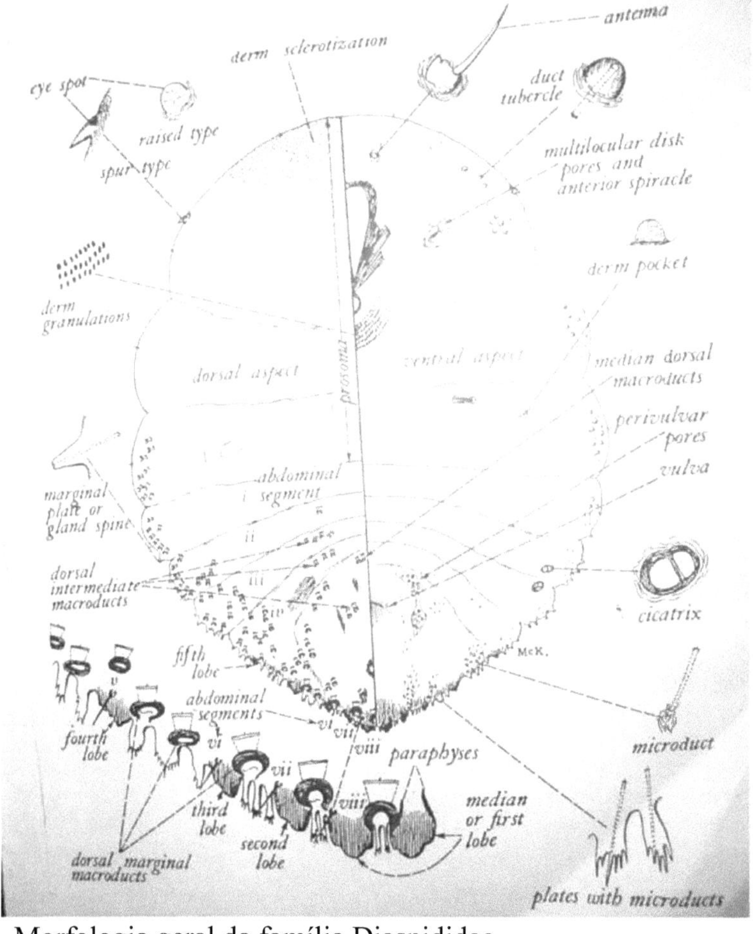

Morfologia geral da família Diaspididae

➢ Cabeça:

1. Antenas:

Reduzido a um pequeno tubérculo com uma ou mais cerdas.

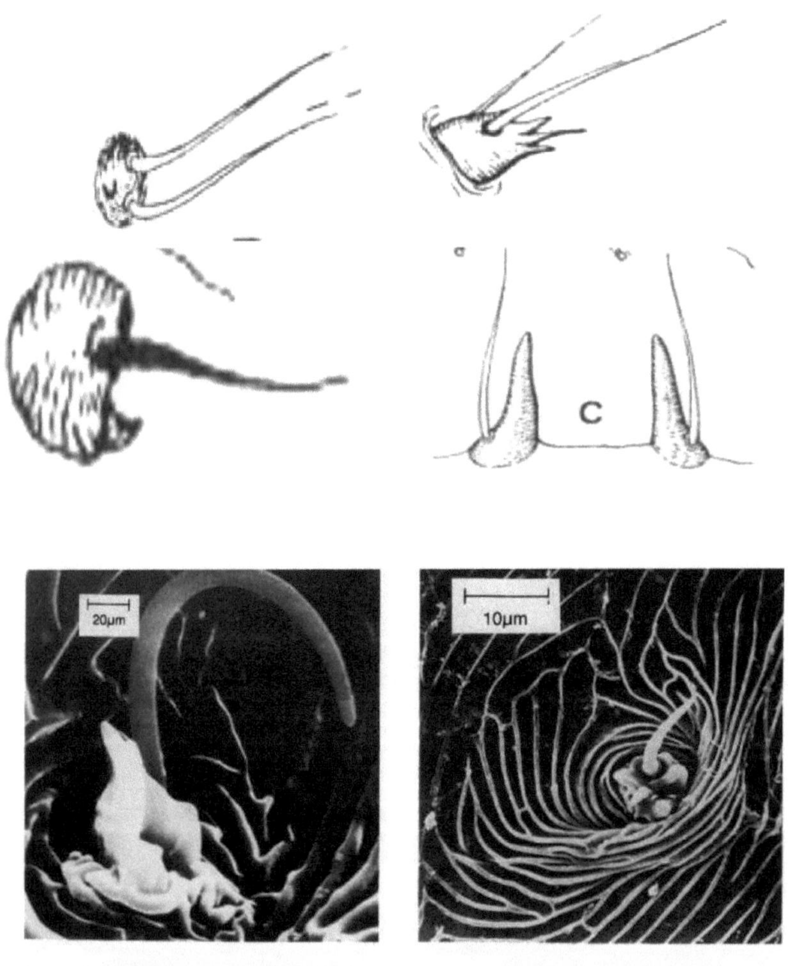

Odonaspis phragmitis Hall: Adult female, antennal tubercle.

Odonaspis sabulincola, n. sp.: Adult female, antennal tubercle.

Estruturas diferentes:

o Antena com estruturas especializadas em forma de placa, em forma de clube ou alongada.

o Antenas por vezes desenvolvidas com um processo especializado entre as antenas ou sem esse processo.

o Pode ter a forma de uma placa, de um taco, de uma estrutura arredondada ou alongada.

o Não confundir com antenas ou pontos oculares modificados.

3. Olhos:

o Não parecem ter importância taxonómica, a não ser em muito poucos casos.

o Pontos oculares com estruturas especializadas em forma de estrela ou espinha.

o Os pontos oculares desenvolveram-se por vezes num esporão marginal ou noutra estrutura especializada.

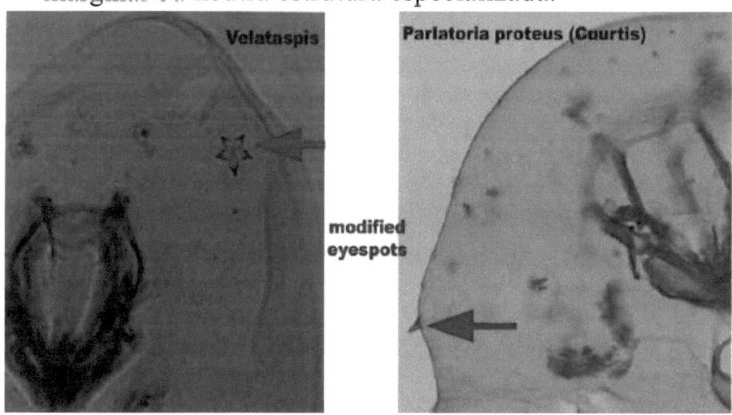

3. Partes da boca:

Modificado para perfurar a planta e sugar a seiva; o labium ou rostro projecta-se para baixo a partir da cabeça e forma dois pares de cerdas semelhantes a estiletes sem qualquer importância taxonómica.

➢ Tórax:

1. Pernas:

A fêmea adulta não tem pernas.

2. **Espirais :**

Dois pares; um no protórax e outro no metatórax, estes órgãos são feitos para o apódema espiral; e associados a poros do disco parastigmático.

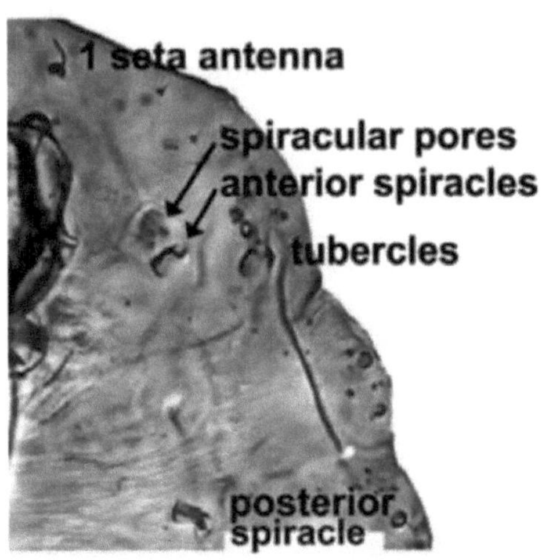

3. **Esclerotização da derme,** se presente, normalmente totalmente desenvolvida numa fase adulta madura. A derme pode ser esclerotizada parcialmente, marginalmente, em faixas, ou completamente, dependendo da espécie: mais frequentemente em Acutaspis, Howardia e Mycetaspis.
4. A região fortemente esclerotizada na cabeça também é caraterística de algumas espécies de Mycetaspis, como M. personata (Comstock).

- **Abdómen:**

Normalmente, apenas 8 segmentos abdominais podem ser detectados. O abdómen está dividido em 2 regiões: a anterior é composta por 4 segmentos que formam o pigídio; a região posterior está fundida formando o pigídio. O pigídio é muito importante para a taxonomia desta família.

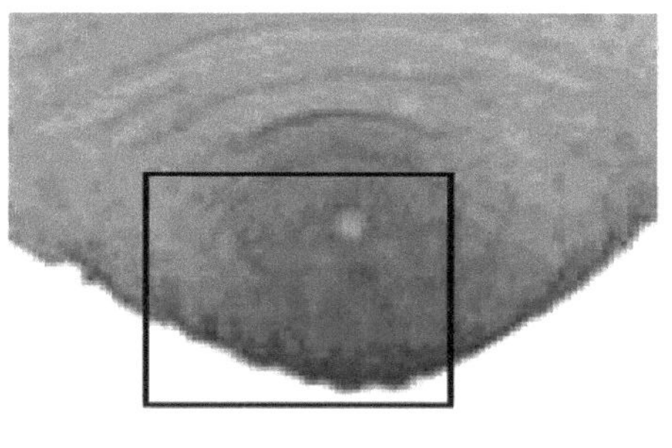

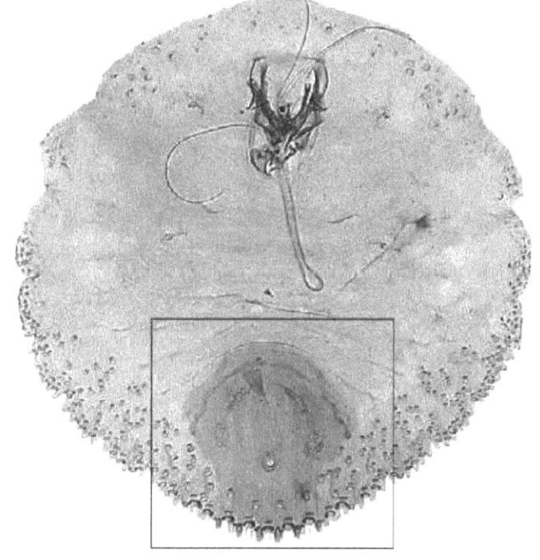

I. As estruturas do pigídio:

Lóbulos - placas - espinhos das glândulas - ânus - vulva - poros perivulvares - paráfises - cicatrizes pigidiais - ductos - cerdas e bossas.

- Lóbulos:

Presente em pares; Mediana ou L1 é zigótica ou não zigótica.
L2 e L3 pertencem aos segmentos 7th e 6th , respetivamente.
L4, em algumas espécies os segmentos 5 podem ser indicados. Em algumas formas, os lóbulos tornam-se completamente obsoletos.
Lóbulos medianos (L1).

- Na maioria dos géneros existem lóbulos emparelhados.
- Separados, aparecendo como dois lóbulos separados
- O lobo mediano comprimido aparece como um lobo fundido com uma separação ligeira a completa dos lobos medianos (por exemplo, *Pinnaspis).*
- Se emparelhados, então zigóticos (emparelhados) ou não zigóticos (não emparelhados).

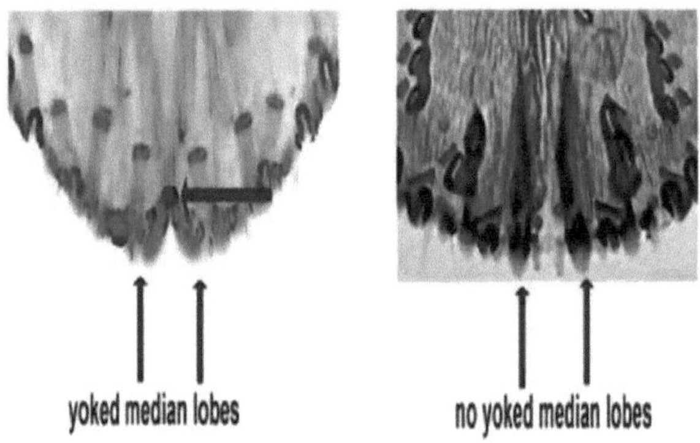

- Projecções abdominais pré-pigidiais Dedo ou espinhosas.
- Os esporões marginais abdominais pré-pigidiais formam projecções semelhantes a espinhos ou dedos.
- Em algumas espécies, o abdómen apresenta saliências ou esporões semelhantes a dedos:

  Dactylaspis, Lepidosaphes, Unaspis.

- Placas:

Na margem do pigídio, as placas são alongadas, franjadas ou fimbriadas.

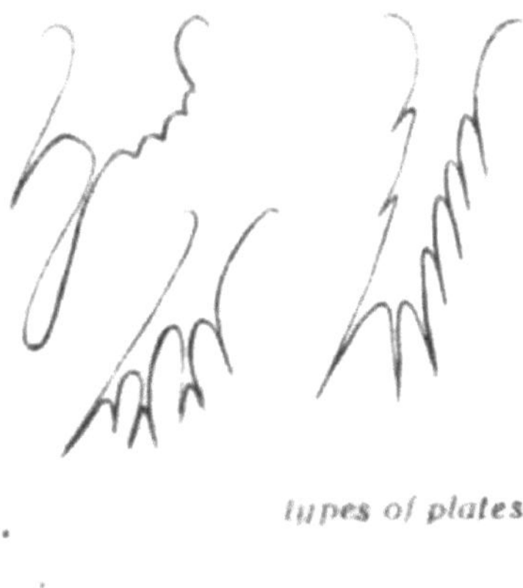

types of plates

Apêndices marginais: placas.

- As placas do pigídio são estruturas sem ductos, achatadas, ramificadas e por vezes franjadas.

• Simplesmente ramificado.

• Elaboradamente ramificada *(Hemiberlesia palmae, Morganella longispina & Parlatoria* spp.*), furcada* em *Furcaspis*, bifucada ou com uma estrutura semelhante a uma cauda de peixe entre L1pair como em Malleoaspis e Pseudoparlatoria (3º a partir da esquerda), ou trifurcada como em *Pseudaulacaspis pentagona.*

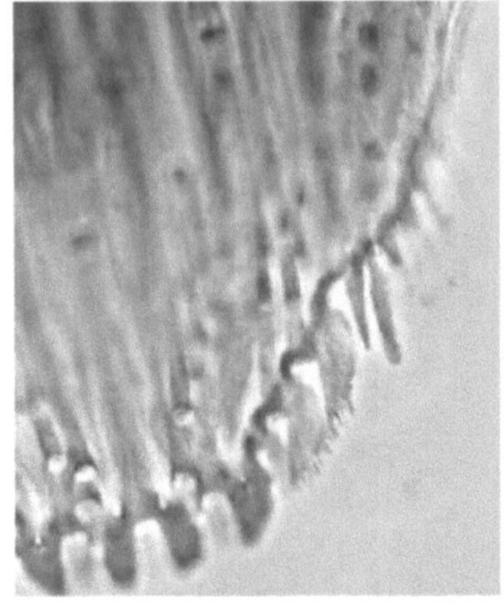

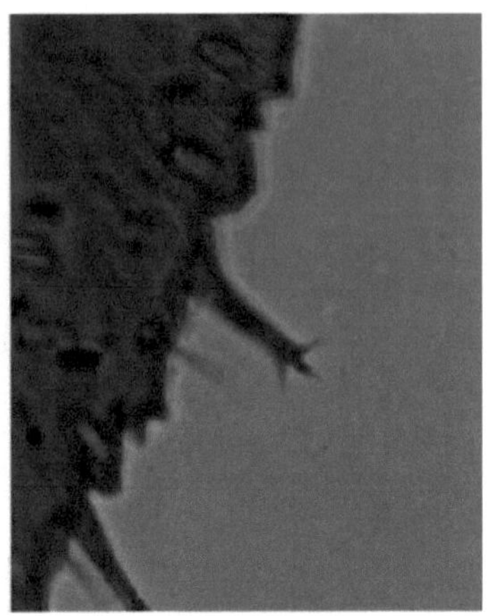

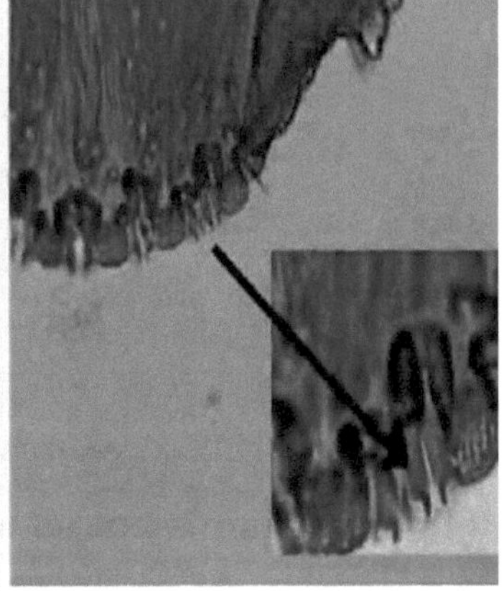

- **Espinhos das glândulas:**

  - Ocorrem no pigídio ou nos segmentos pré-pigidiais, marginal ou submarginalmente. Os espinhos da glândula são alongados com processos cónicos; estes espinhos da glândula estão presentes em Diaspidiniae.
  - **Espinhos e cerdas das glândulas.**

- Os espinhos das glândulas aparecem como cones delgados ou robustos entre os lóbulos do pigídio.

- Pode aparecer como um par simples ou como uma estrutura

especializada do tipo "rabo de peixe" entre o par de lóbulos medianos (L1) (como em *Pseudoparlatoria*).

Espinhos e cerdas das glândulas.

- Existem também setas em todo o corpo. Elas também marcam a posição dos vários lóbulos do pigídio. A presença ou ausência de um par de cerdas entre os lobos medianos separa alguns géneros aparentados:

- Par de cerdas presente, por exemplo, *Pseudaulacaspis & Chionaspis* (polyphagus).
- Par de cerdas ausente em Duplachionaspis (conhecido apenas em gramíneas).

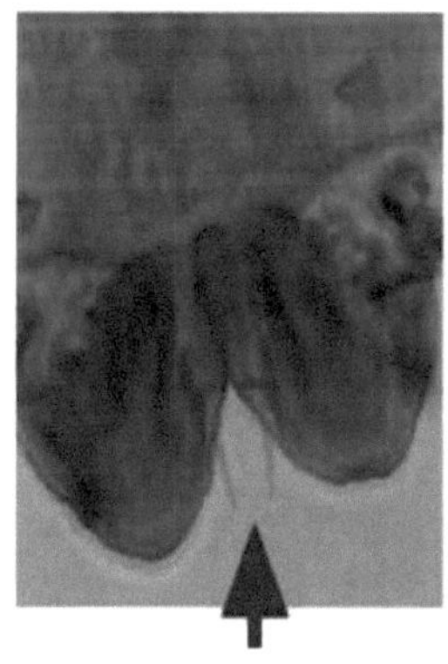

L1
setae
pair

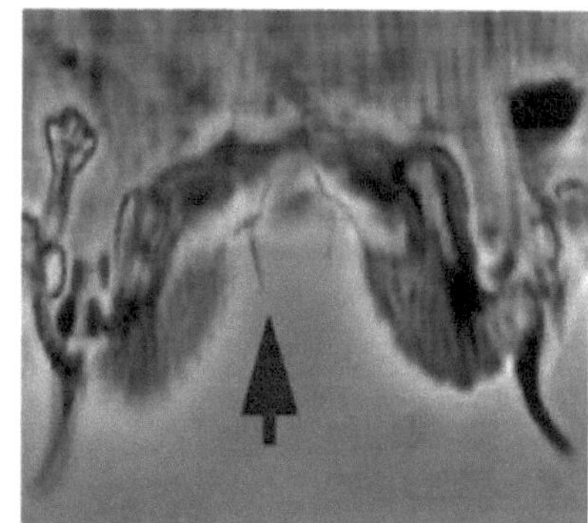

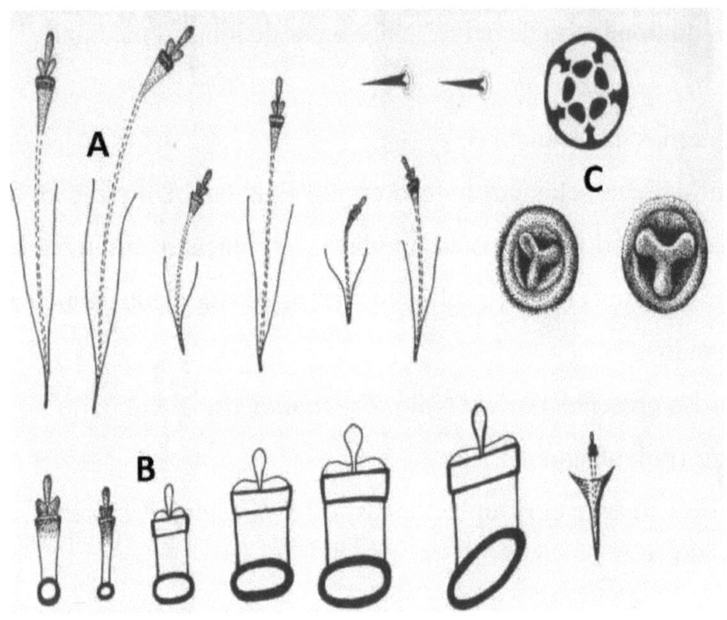

A: forma diferente da coluna vertebral da glândula.
B: Tipo de condutas.
C: Tipos de poros do disco.

- **Ânus:**

Abertura de aspeto circular ou oval na superfície dorsal do pigídio.

- **Vulva:**

Na superfície ventral do pigídio.

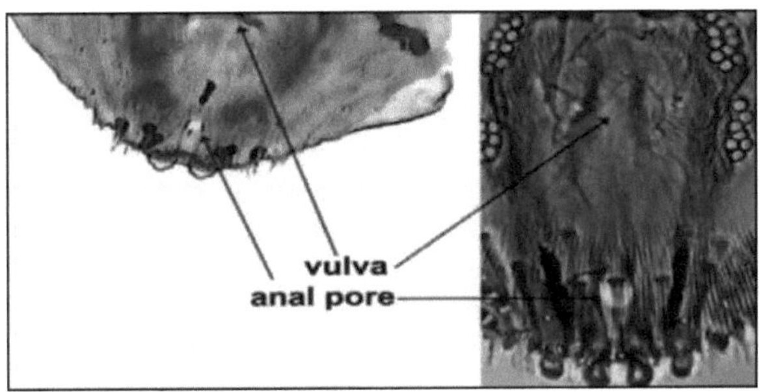

- **Poros perivulvares:**
- Poros do disco quinquelocular presentes ou ausentes.
- Dispostos em cinco grupos; estes poros têm um significado taxonómico.

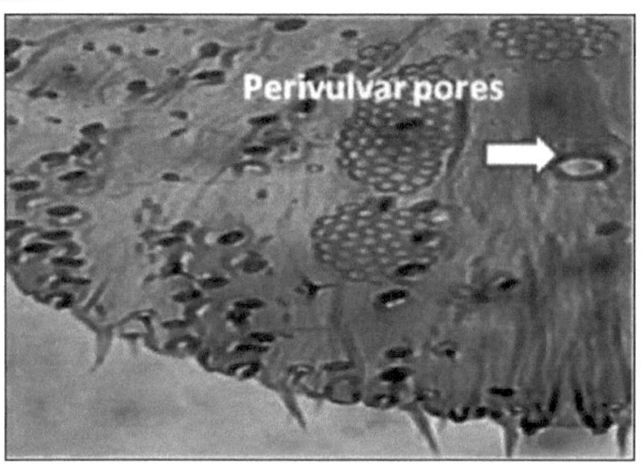

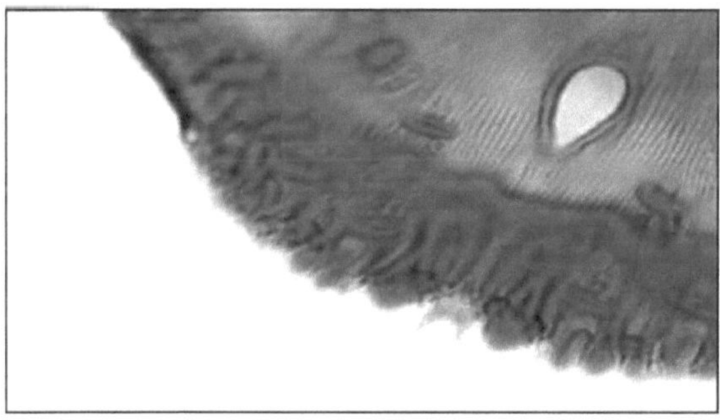

- (Paráfises) Escleroses pigidiais: :
A esclerotização de cada um dos lóbulos medianos; e pode aparecer como hastes esclerotizadas a partir do espaço interlobular. Esta aparência é frequente em Aspidiotinae.

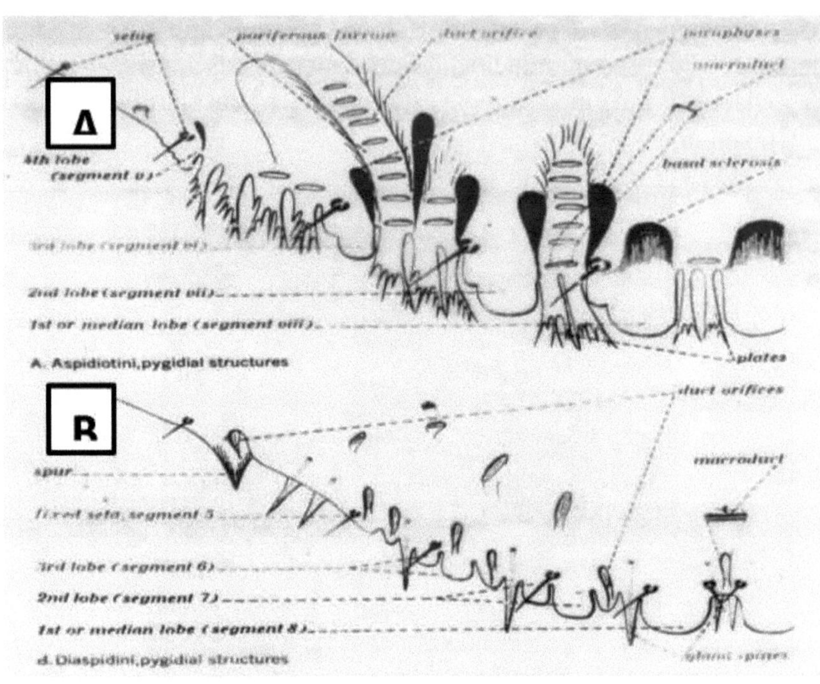

(A) Pygidial structures of Aspidiotini; (B) Pygidial structures of Diaspidini.

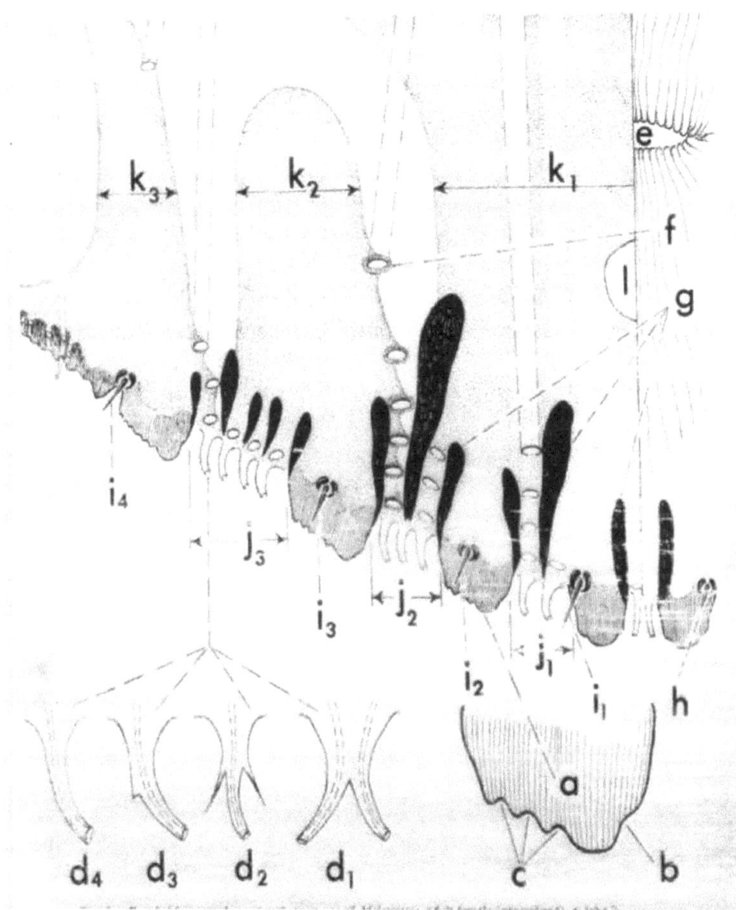

Pygidial fringe and associated structures of *Melanaspis*, adult female (generalized): **a**, lobe 2; **b**, mesal notch; **c**, lateral notch; **d**, plates (**d_1**, bifurcate plate; **d_2**, plate with 2 tines; **d_3**, plate with 1 tine; **d_4**, simple plate); **e**, vulva; **f**, dorsal macroduct orifice; **g**, paraphyses; **h**, ventral seta of lobe 1; **i_{1-4}**, dorsal setae of lobes 1–4, respectively; **j_{1-3}**, interlobular spaces 1–3, respectively; **k_{1-3}**, dorsal sclerotized areas 1–3, respectively; **l**, anus

- **Cicatrizes pigidiais:**

A esclerotização dorsal do pigídio está disposta num padrão bastante definido, especialmente em Aspidiotinae.

- **Condutas:**

Os ductos de importância taxonómica têm dois tamanhos, geralmente no dorso e por vezes no ventre. O tamanho maior, os macrodutos; o tamanho menor, os microdutos. A extremidade interna de um macroduto é fechada por uma parede simples ou dupla fortemente esclerotizada. Os ductos do tipo "um - barrado" são quase longos, delgados e característicos de Aspidiotinae. Já os ductos do tipo "duas barras" são relativamente curtos e aparecem comumente em Diaspidinae.

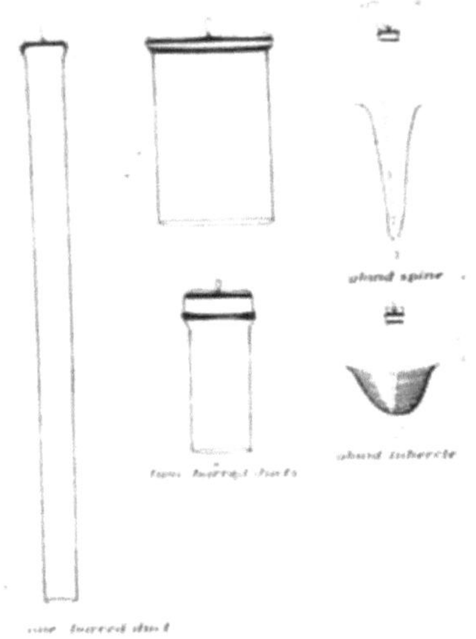

- **Chefes:**

As bossas arredondadas aparecem em cada sítio dos segmentos abdominais, especialmente em alguns Lepidosaphedini:

- o As bossas são estruturas globulares esclerotizadas que ocorrem submarginalmente.

- o Podem ser simples ou duplos e ocorrem mais frequentemente nos géneros Diaspis ou & Lepidosaphes.
- o *Lepidosaphes beckii* Newman tem a dupla saliência na zona submarginal ao nível dos espiráculos anteriores.
- o *Diaspis gilloglyi* McKenzie tem bossas abdominais.

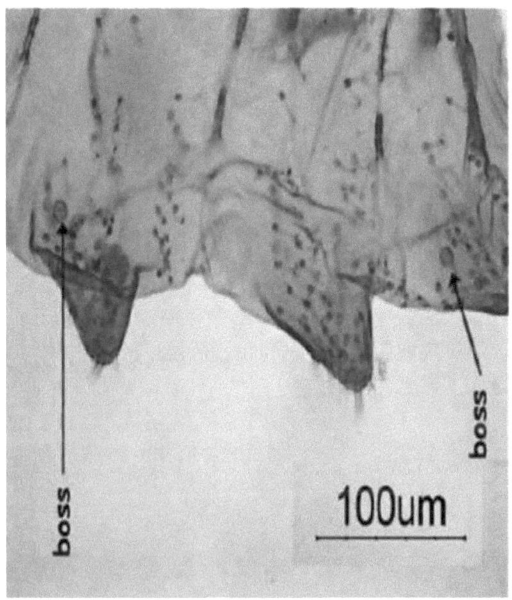

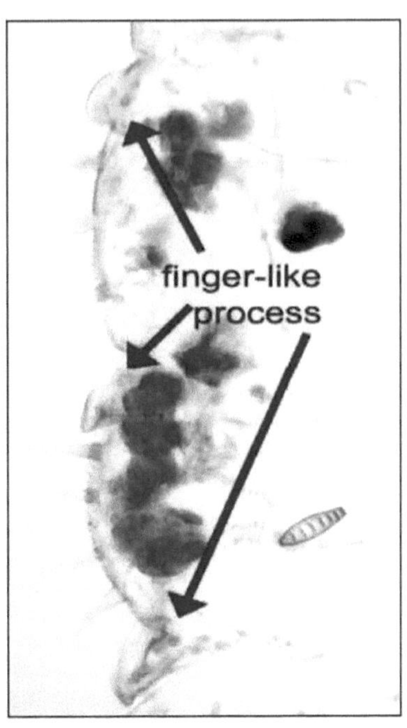

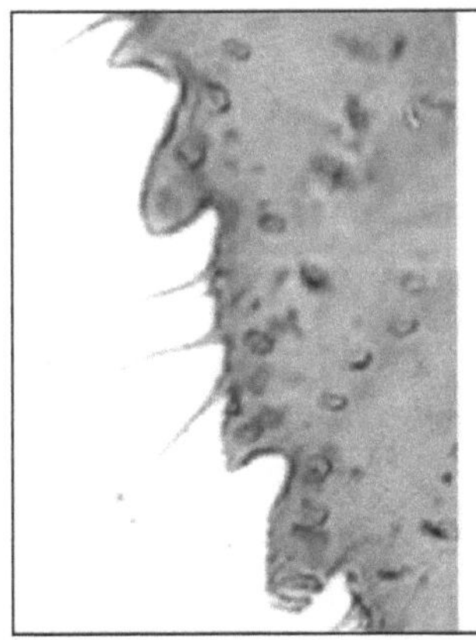

- **Setae**:

Ocorrem principalmente ao longo da margem dorsal e ventral; as cerdas do corpo não têm grande importância na identificação das espécies; podem ajudar a separar certos géneros.

3. DIMORFISMO SEXUAL DISTINTO

1. Formas imaturas:

Ocorrem três instares na fêmea 1st , 2nd e fêmea adulta

- Antenas segmentadas.
- Pernas desenvolvidas.
- Cerdas caudais longas.

Enquanto; 5 ocorrem no macho 1, 2nd , pré-pupal, pupa e macho adulto.

- Ninfas (móveis, mas fases posteriores sésseis e podem desenvolver exúvias).
- Pupa e pré-pupa (sésseis sob as exúvias, apenas nos machos).

II. Formulários de adultos:

1-Masculino (scmprc móvel).

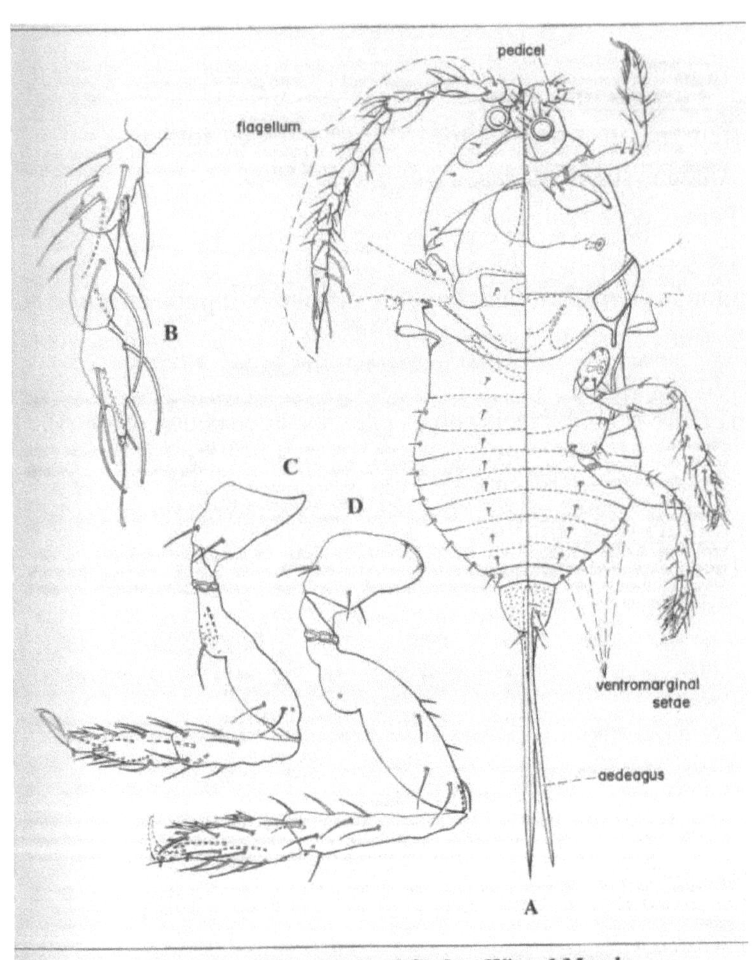

Chionaspis corni Cooley, Winged Morph

2. Fêmea (séssil sob as exúvias).

Capa Exuvia:

➢ **Adulto Masculino**

Pouco se sabe porque os machos não estavam disponíveis ou eram desconhecidos (algumas fêmeas são conhecidas como partenogenéticas), eram difíceis de obter, as homologias de muitas estruturas eram incertas e as técnicas de montagem adequadas eram desconhecidas.

- **Corpo :** Estruturas gerais
- **Cabeça**.

o Par de olhos simples na parte dorsal e ventral.
o Cumes distintos.

- **Tórax.**

o Protórax, Mcsotórax, Mctatórax.
o Asas: dois pares (asa anterior e asa posterior em forma de cabresto).
o Pernas.
o Abdómen terminando em estilo constituído por uma bainha penal.

Capa Exuvia do Macho:

o Formado apenas durante as fases I e II.
o Mais pequena do que a escama feminina, com uma forma oval alongada.

➢ **Mulher adulta**

A maioria das identificações de espécies baseia-se na fase adulta da fêmea (séssil, o que facilita a sua recolha), uma vez que estão presentes estruturas mais definitivas. Poucas podem ser identificadas pela exúvia madura (capa) ou pelos estádios imaturos.

o **Estrutura geral:**

- Achatada dorsoventralmente, mas pode estar inchada quando está grávida. Sempre sob a exúvia (cobertura) ou encerrada (parcial ou totalmente) por ela.
- Forma do corpo diversa: alongada, em forma de fusi, oval, sub-circular.

Pupilárias (totalmente fechadas por uma cobertura) representadas por parasitas das seguintes tribos: Diaspidini, Parlatorini, Leucaspidini e Aspidiotini .

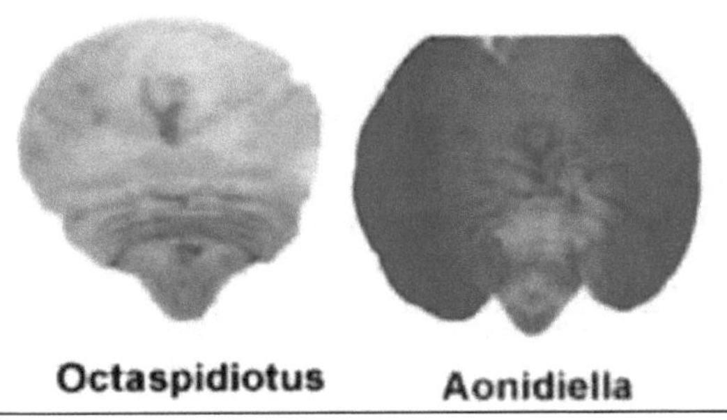

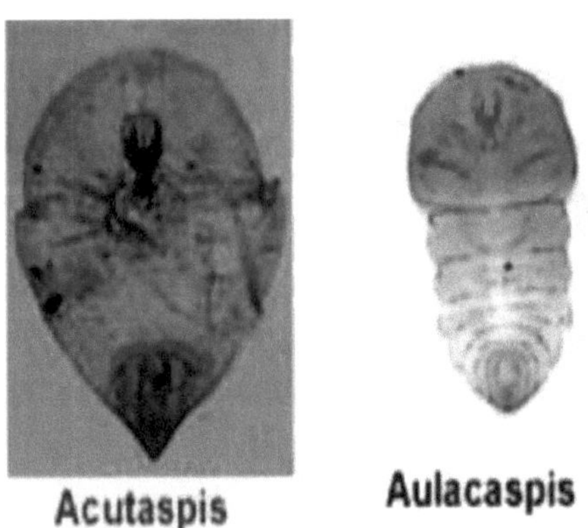

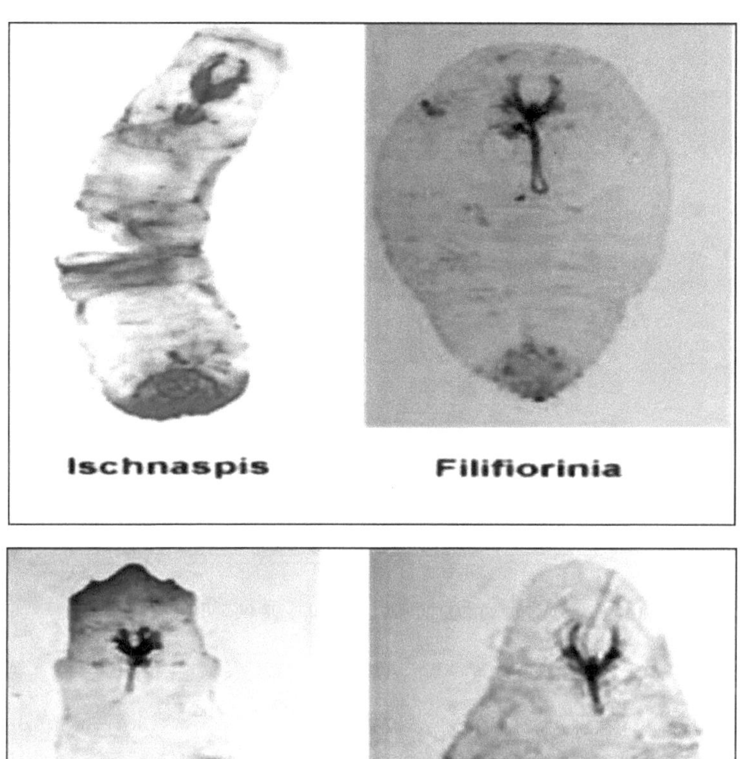

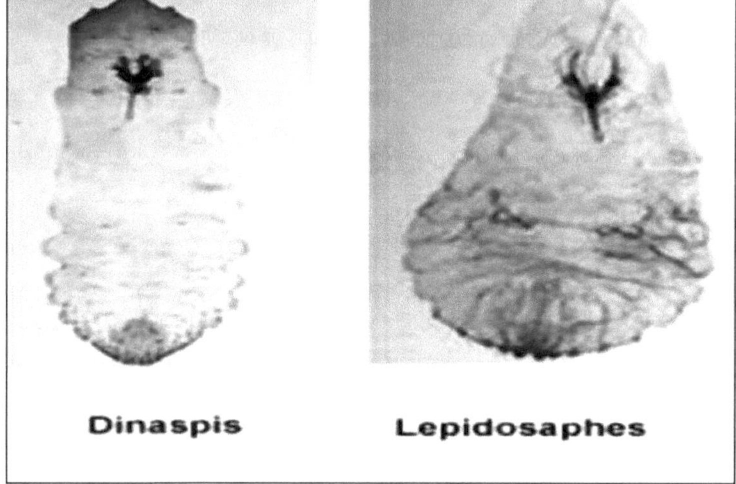

- A maioria dos géneros está separada por uma indentação torácica no protórax, mesotórax ou metatórax.

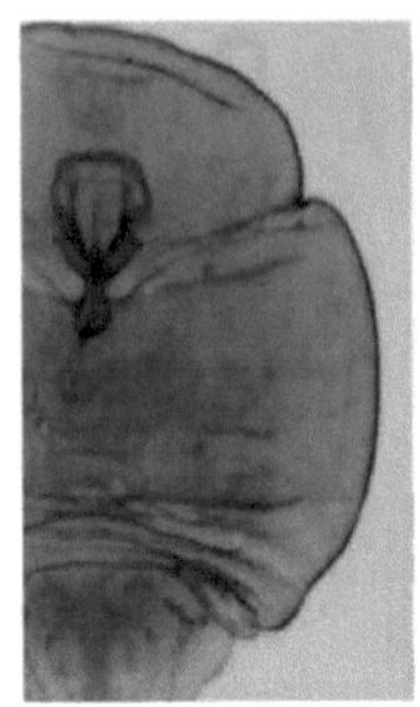
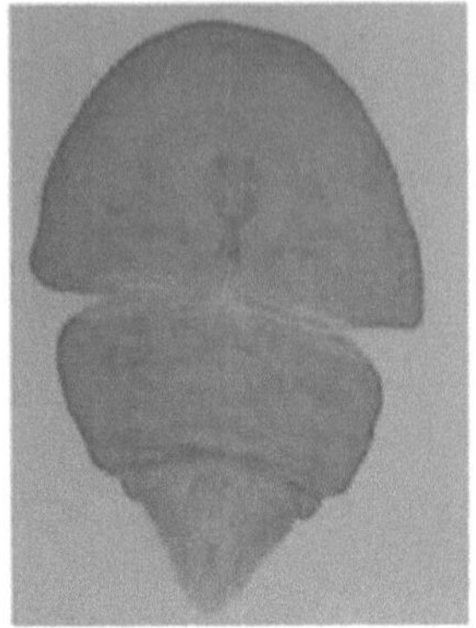
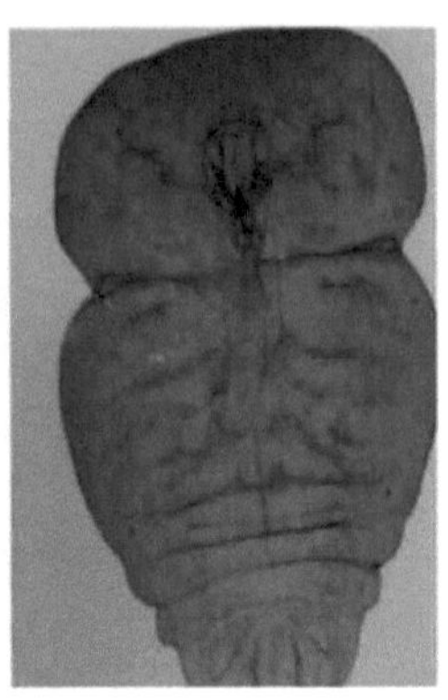

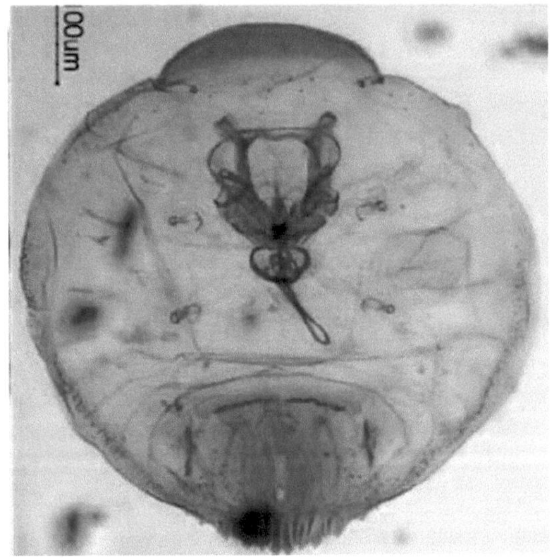

Mycetaspis sp.

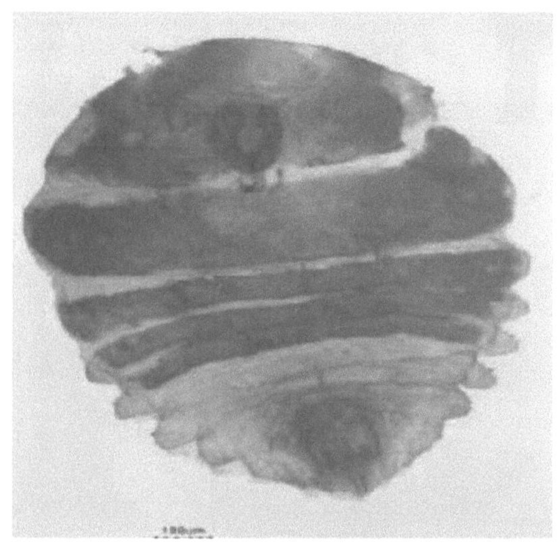

Acutaspis sp.

- **Estrutura específica do Pygidium:**

o Áreas aeroladas (tipo treliça) ausentes ou presentes. Aerolações compostas por células reticuladas dorsais formadas por muitas pequenas áreas de esclerotização mais fraca.
Representados pelos seguintes géneros: Duplaspidiotus, Ischnaspis e Pseudaonidia.

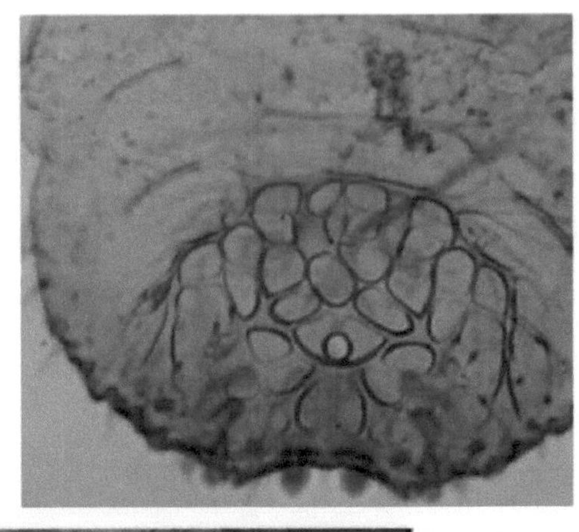

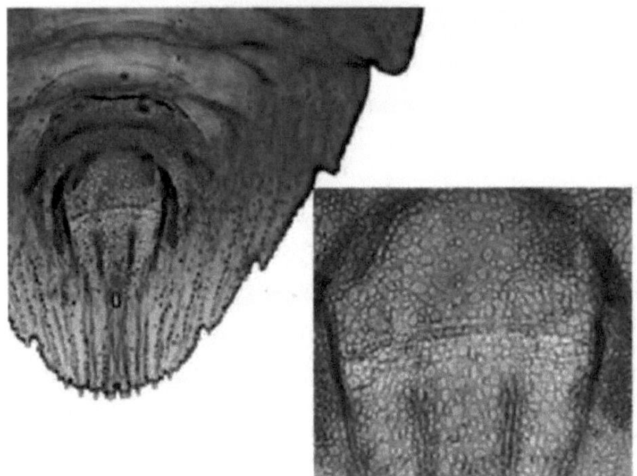

2. **Apófise e esclerose**:

estruturas prevulvares ventrais, normalmente encontradas em Aonidiella e Pinnaspis:

- **Apófise:** (grego apo = afastar e Phyeinto crescer) "Qualquer processo tuberculoso ou alongado que se projecta interna ou externamente da parede do corpo".

- **Esclerose** (grego skleros = duro) "endurecido em áreas definidas".

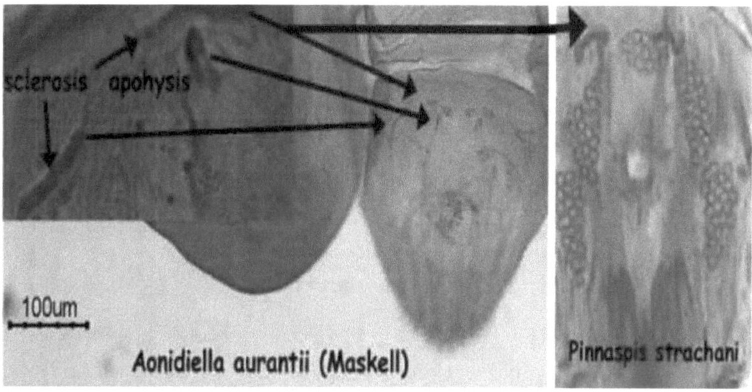

3. Traços do pigídio:

- Os ductos dorsais produzem a cera que forma as escamas dos imaturos de 2º instar até à fêmea adulta. Podem também assumir formas especializadas, como a forma de mitra ou de funil.

- Os macrocondutos (geralmente dorsais) são grandes condutas que terminam numa estrutura semelhante a uma glândula com 1 ou 2 barras transversais:
("um barrado" ou "dois barrados") ou forma especializada (por exemplo
mitreshape no género ***Mitraspis***.

- Os microdutos (geralmente ventrais) são pequenos ductos semelhantes às estruturas dos macrodutos.

One-barred ducts

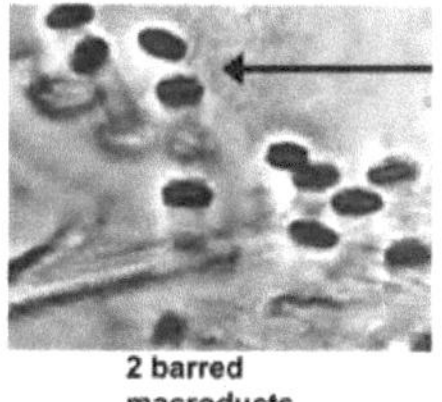
2 barred macroducts

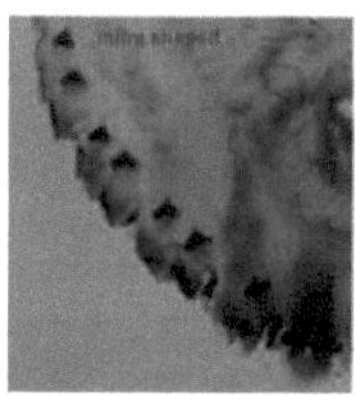

- As paráfises são estruturas internas em forma de bastão ou de clava que se estendem anteriormente entre ou a partir dos lobos pigidiais. O seu comprimento varia de menor do que o dos lobos medianos (como em *Aonidiella* & *Diaspidiotus*) a muito maior.

- Paráfises "Espessamentos quitinizados ou projecções marginais no pigídio do inseto".

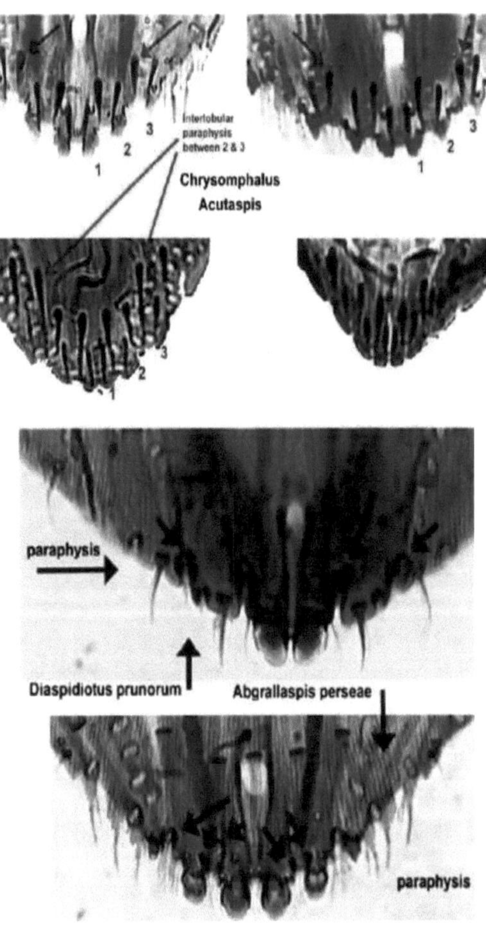

➢ Órgãos de secreção que formam a exúvia:

- **Poros discoidais:** estruturas simples (presentes ou ausentes).
- **Poros ventrais do tipo loculado (geralmente quinqueloculares e ventrais)**

Poros perivulvulares (associados à vulva). Podem variar de um poro a sete grupos. Poros espiraculares (associados aos espiráculos). Espiráculo ausente ou presente em torno do espiráculo anterior ou de ambos os espiráculos.

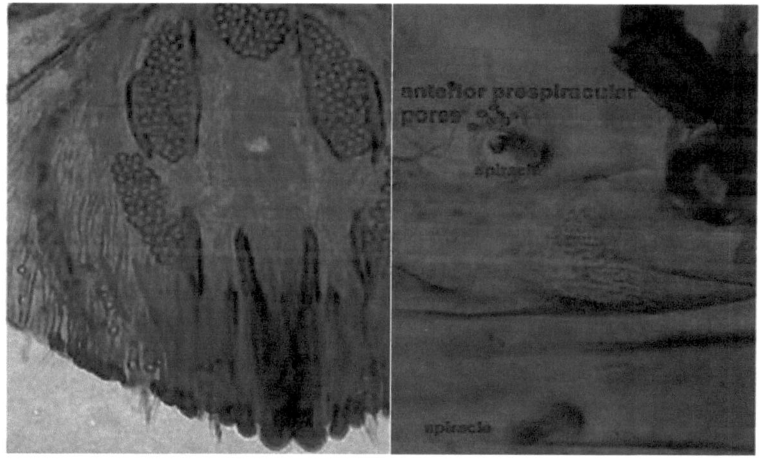

- **Apêndices marginais:** os lóbulos pigidiais variam de ausentes a quatro pares, bilobados ou monolobados.

Aspidiotini e Parlatorini.

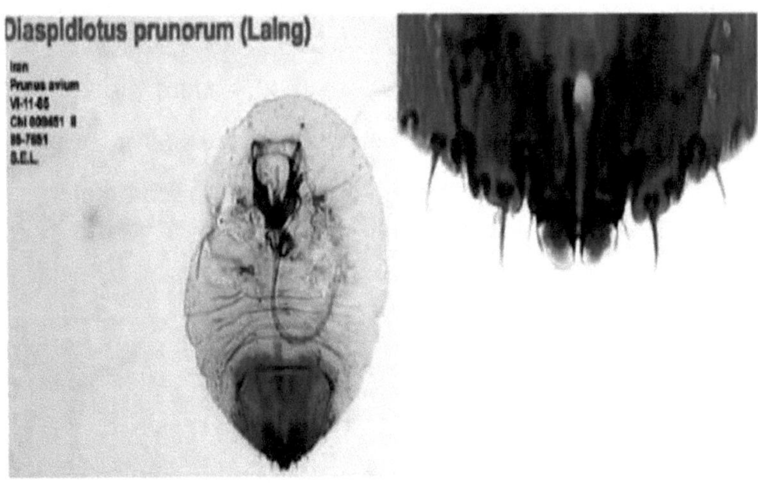

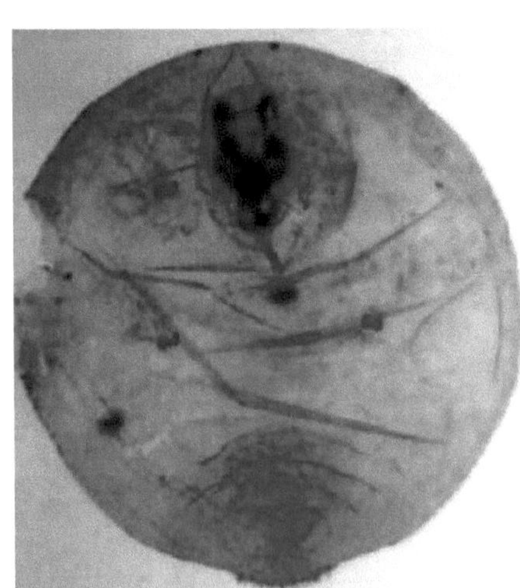

adult female

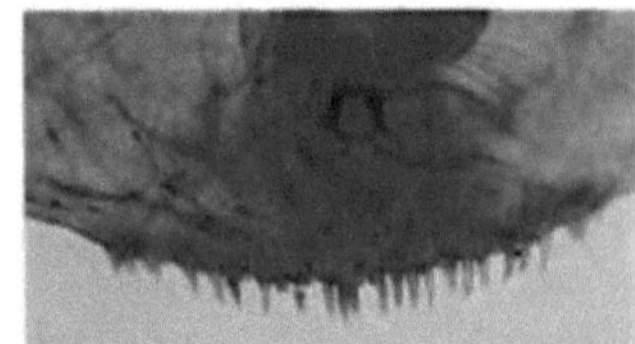

- Fundido como um lobo.

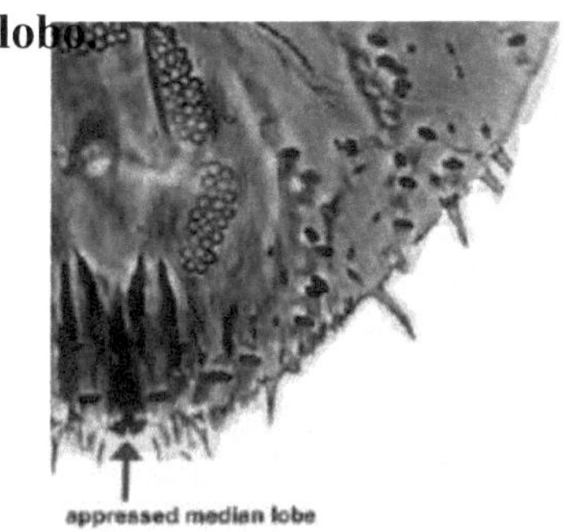

Pinnaspis boehmeriae Takahashi
Japan
Cordyline terminalis
S.E.L.

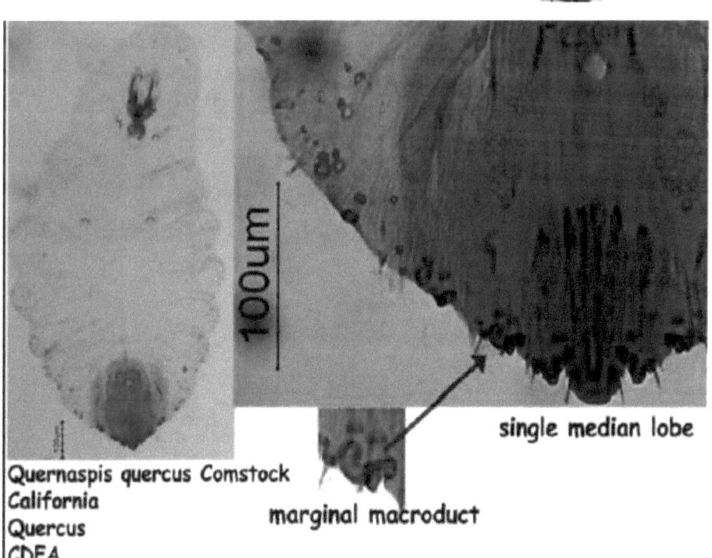

- Algumas espécies de *Parlatoria, Velataspis*
  - Pernas reduzidas (vestigiais) uma ou duas pernas segmentadas reduzidas (vestigiais).
  - as pernas vestigiais são reduzidas com um ou mais segmentos

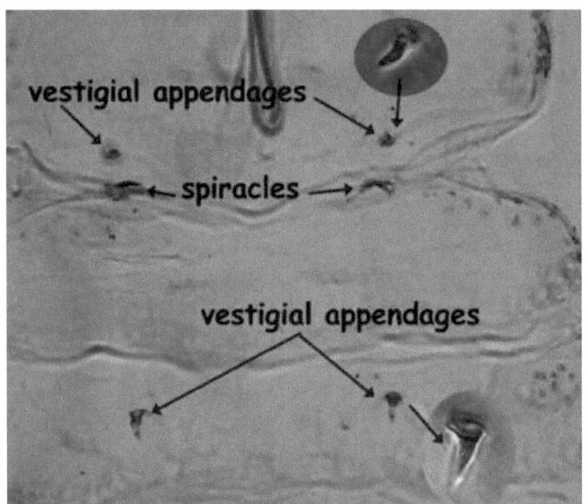

Dactylaspis e *Opuntiaspis.*

- Tubérculos Segmentos cefalotorácicos ou abdominais (zonas marginais a medianas)
- Os tubérculos podem existir nos segmentos torácicos e/ou abdominais, em grupos, filas ou dispersos: Não confundir com as bossas abdominais ou cefalotorácicas.
- ***Parlatoria & Lepidosaphes*** (***L. beckii*** tem uma dupla saliência nos espiráculos anteriores).

4. LISTA DOS GÉNEROS E ESPÉCIES DA FAMÍLIA DIASPIDIDAE PRESENTES NO EGIPTO

(Hemiptera: Sternorrhyncha: Coccoidea).

A família diaspididae está presente no EGIPTO com 94 espécies pertencentes a 48 géneros. Esta família está dividida em duas subfamílias: Aspidiotinae e Diaspidinae.

Estes dois grupos incluem seis tribos: Aspidiotini, Diaspidini, Lepidosaphidini, Odonaspidini ,Parlatorini e leucaspidini.

É apresentada uma chave para os géneros de cada tribo com uma ilustração da espécie tipo desse género.
A classificação superior da família é incerta, mas duas das principais subfamílias são Aspidiotinae e Diaspidinae, e a maioria das espécies pode ser atribuída a uma ou outra, Dangiz (1993) (Miller & Davidson 2005).

Por outro lado, Mekenzie (1956) adoptou a classificação de Ferris (1937) - Balachowsky (1948) e aceitou seis tribos: Aspidiotini e Odonaspidini como definidas por Ferris, as Diaspidini e Parlatorini como definidas por Balachowsky. Mais tarde, Kosztarab (1985) e Tang (1986) definiram 6 e 5 tribos, respetivamente; enquanto Takagi (1970) aceitou sete tribos.

No Egipto, Hall (1922 a 1926) publicou cerca de 60 espécies, algumas das quais novas.
Ezzat (1958) construiu uma chave para ajudar a separar as espécies, Ezzat & Affifi (1965) redescreveram e classificaram a escala

insectos originalmente descritos por Hall no Egipto; Ghabbour & Ezzat (1988) aceitam 6 subfamílias em Diaspididae.
Todas as aplicações anteriores não foram suficientes para abranger todas as mudanças dinâmicas desta família, pelo que muitos géneros continuam a suscitar dúvidas quanto à sua posição taxonómica correcta, podendo a maior parte dos Diaspididae pertencer a seis tribos.
Esta classificação que segui, no presente trabalho, diz respeito a duas subfamílias: Aspidiotinae & Diaspidinae, e seis tribos: Aspidiotini, Diaspidini, lepidosaphidini, leucaspidini, Odonaspidini e Parlatorini.

Grupo I

Subfamília: **Aspidiotinae**

1. Tribo: **Aspidiotini**
2. Tribo: **Odonaspidini**
3. Tribo: **Leucaspidini**
4. Tribo: **Parlatoriini**

Grupo II

Subfamília: **Diaspidinae**

1. Tribo: **Diaspidini**
2. Tribo: **Lepidosaphidini**

5. CARACTERES GERAIS DAS SUBFAMÍLIAS

1- Subfamília Aspidiotinae.

- Fêmea adulta alongada ou piriforme.
- Macroprodutos do tipo "uma barra";
- Pigídio com placas franjadas.
- Os segundos lobos são sempre monolobulados.
- Espinhos da glândula apenas no pigídio.
- Os tubérculos das glândulas estão sempre ausentes na margem prosomal.

Esta subfamília inclui 4 tribos de acordo com Balachowsky (1948): Aspidiotini - Leucaspidini - Parlatorini e Odonaspidini.

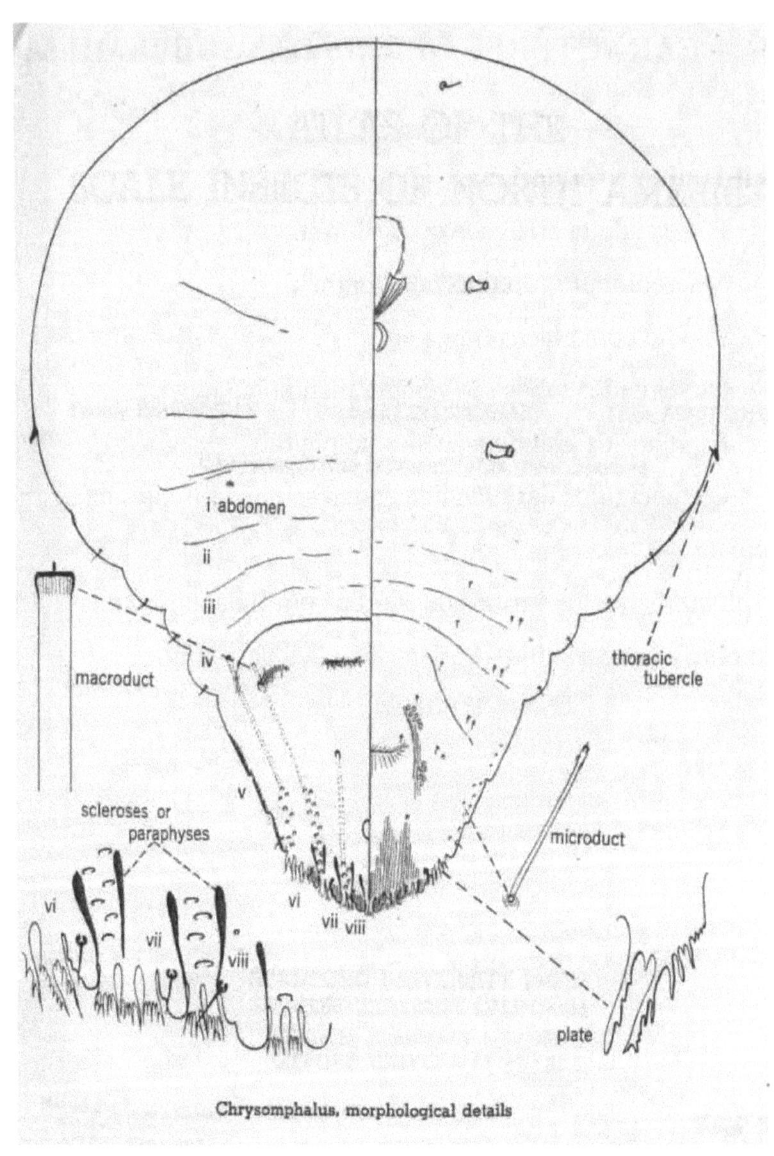

Chrysomphalus, morphological details

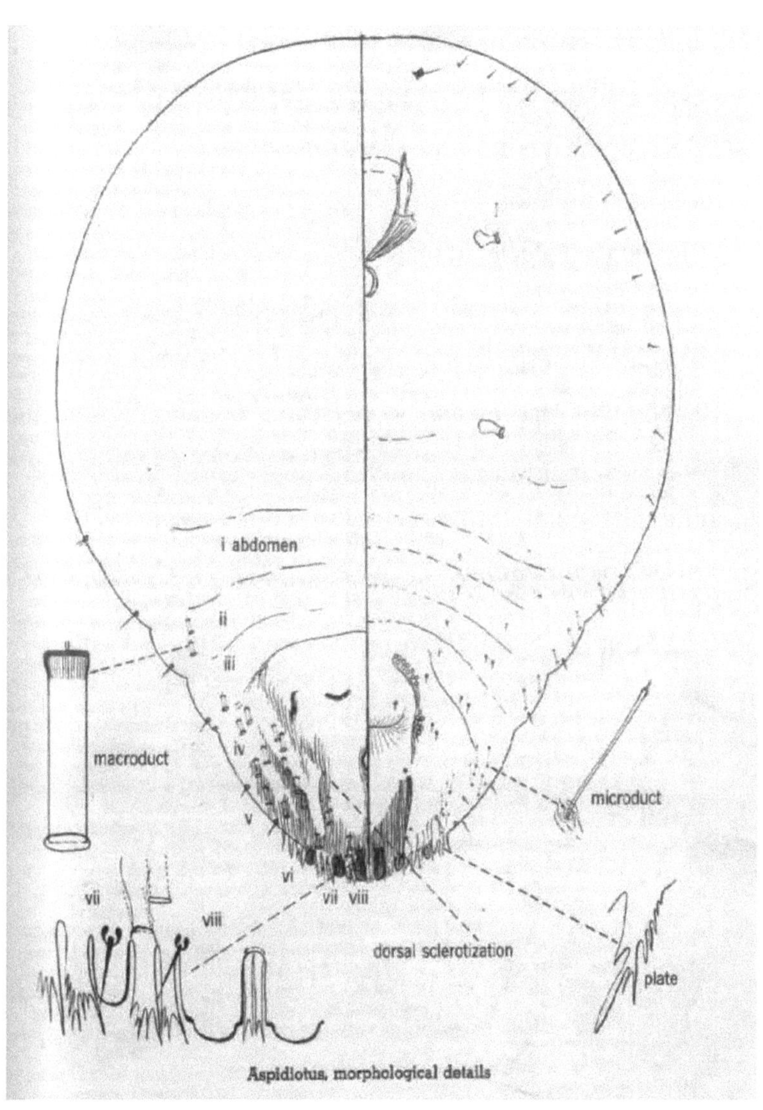

Aspidiotus, morphological details

2- Subfamília Diaspidinae

- Fêmea adulta circular, raramente fusiforme.
- Macrodutos do tipo com duas barras; numerosos na superfície dorsal do pigídio
- Pigídio sem placas franjadas.
- Os segundos lobos são sempre bilobulados.
- Ausência de espinhos glandulares entre os lobos medianos.
- Tubérculos das glândulas presentes ou ausentes na margem prosomal.

Esta subfamília inclui 2 tribos de acordo com Takagi (1970): Diaspidini e Lepidosaphidini.

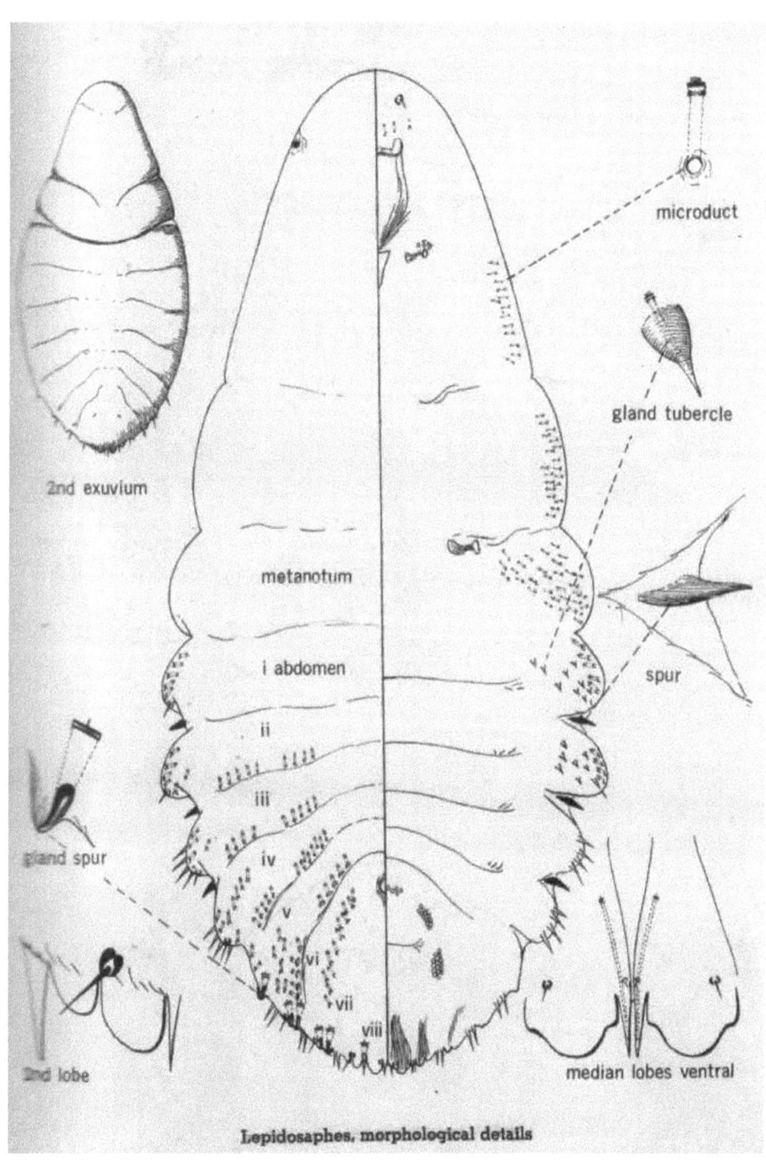

Lepidosaphes, morphological details

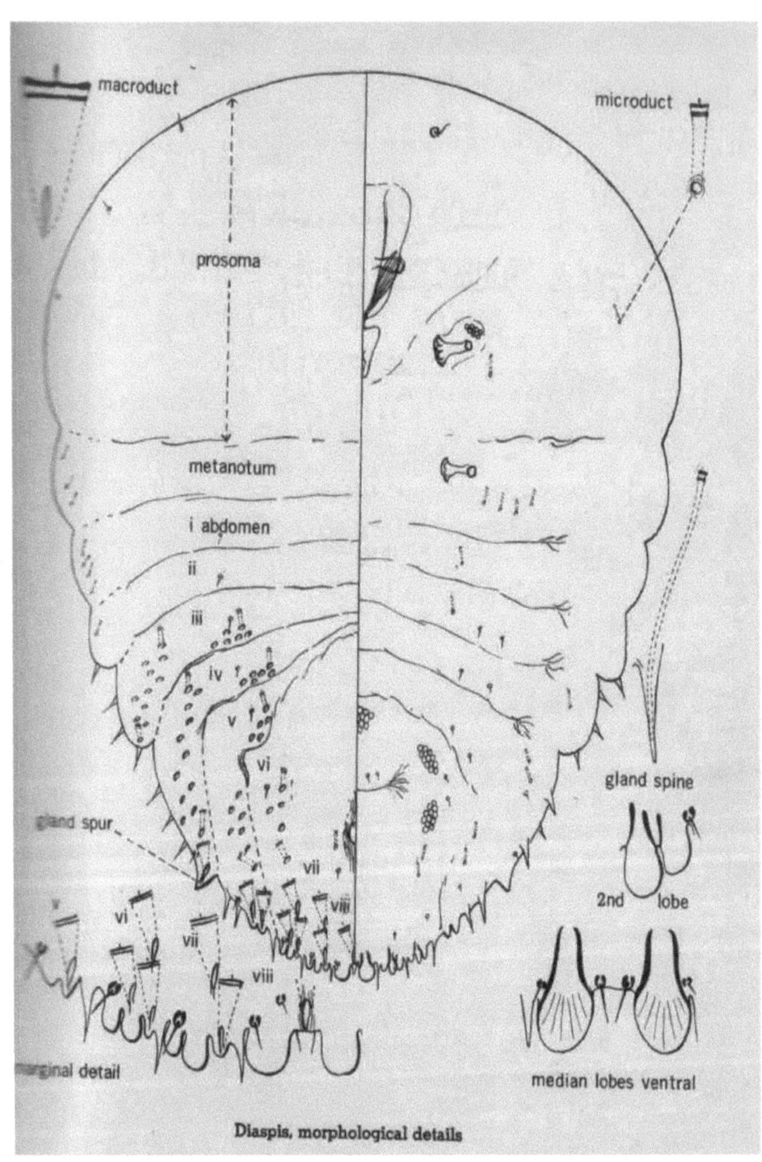

Diaspis, morphological details

6. CHAVE PARA AS TRIBOS DA FAMÍLIA DIASPIDIDAE

1. Ausência de processos marginais no pigídio; lóbulos medianos geralmente fundidos na margem do pigídio; macroprodutos curtos e numerosos espalhados em ambas as superfícies do pigídio e nas áreas laterais do corpo; presença de crenulae (processos semelhantes a escamas da cutícula); a forma do corpo é amplamente oval; hospedeiros gramíneos apenas...*Odonaspidini*

(3 géneros)

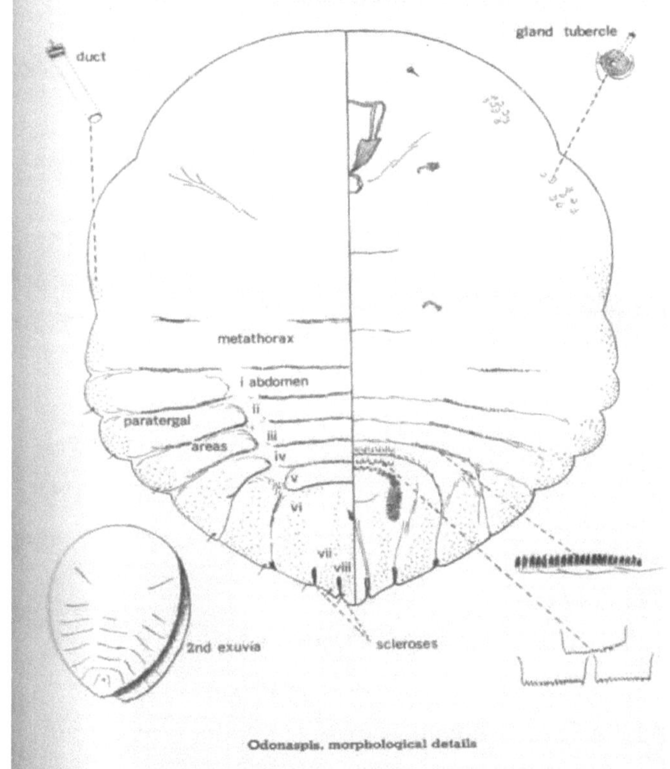

Odonaspis, morphological details

- Presença de processos marginais no pigídio; lóbulos medianos presentes e bem desenvolvidos; macroprodutos numerosos na superfície dorsal do pigídio; a forma do corpo é variável **2**

2. (1) Macrodutos de tipo unicelular; pigídio com placas franjadas; os ductos são basicamente muito alongados e delgados; o corpo é largamente piriforme a rodada .... Aspidiotini **(21 géneros)**

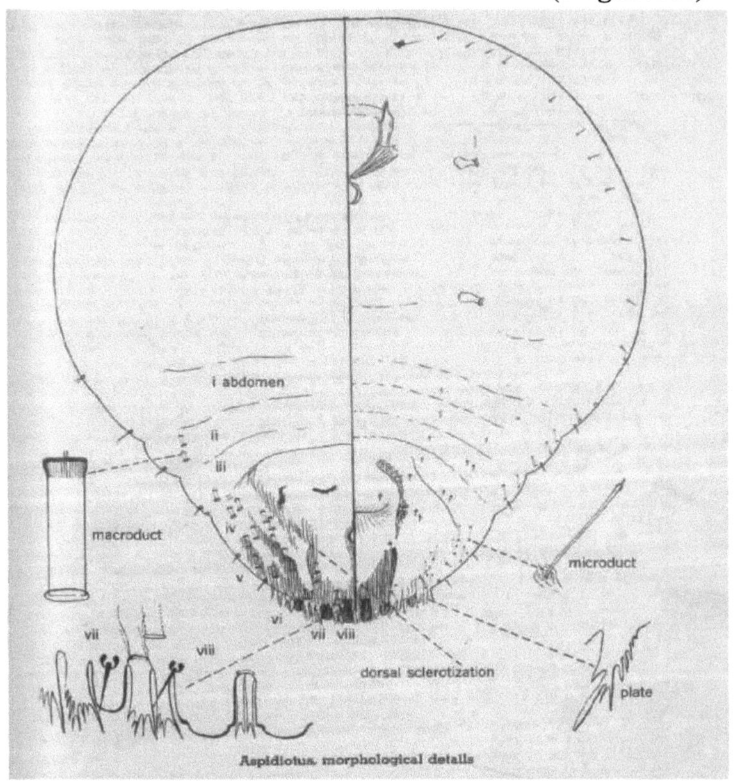

- Macrodutos do tipo com duas barras; pigídio sem franjas placas **3**

3. (2) Segundos lóbulos do pigídio bilobulados **4**
- **Segundos** lobos pigidiais monolobulados **5**
4. (3) Os lóbulos medianos do pigídio são zigóticos ou não; sem quaisquer processos marginais (placas ou espinhos glandulares) entre eles; poros perivulvares presentes ou ausentes; forma do corpo circular raramente alongada ....*Diaspidini*

(16 géneros)

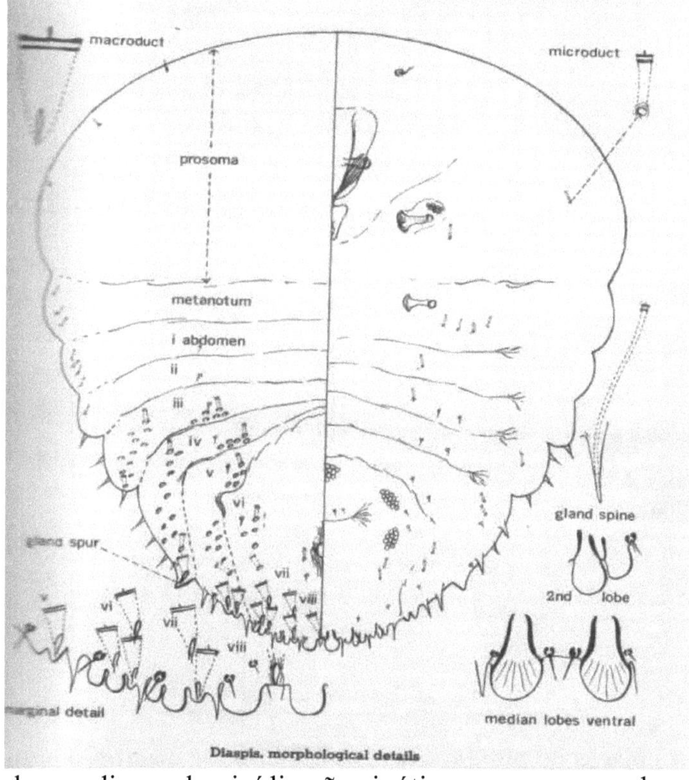

- Lóbulos medianos do pigídio não zigóticos, com um par de espinhos glandulares entre eles; L3 reduzida ou nula; forma do corpo alongada ....*Lepidosaphidini*

(2 géneros)

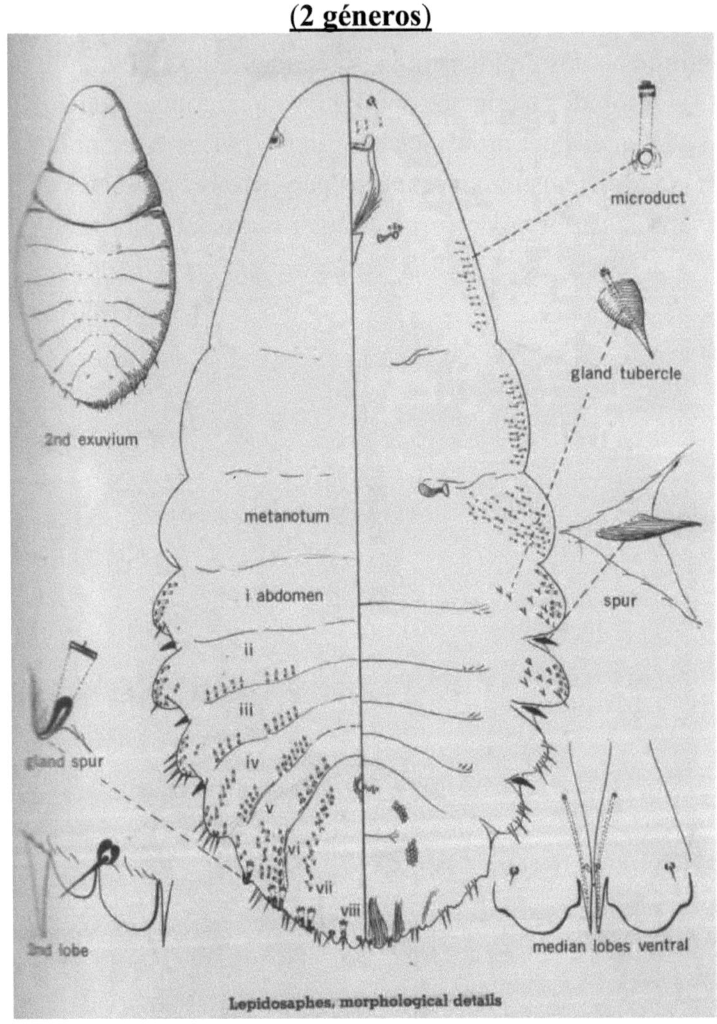

5. (3) As placas do pigídio são glandulíferas; os macroprodutos dorsais são curtos e largos com um anel fortemente esclerotizado no orifício; as antenas são unisetose; os lóbulos são entalhados em ambas as margens....................................*Parlatorini*

<u>(2 géneros)</u>

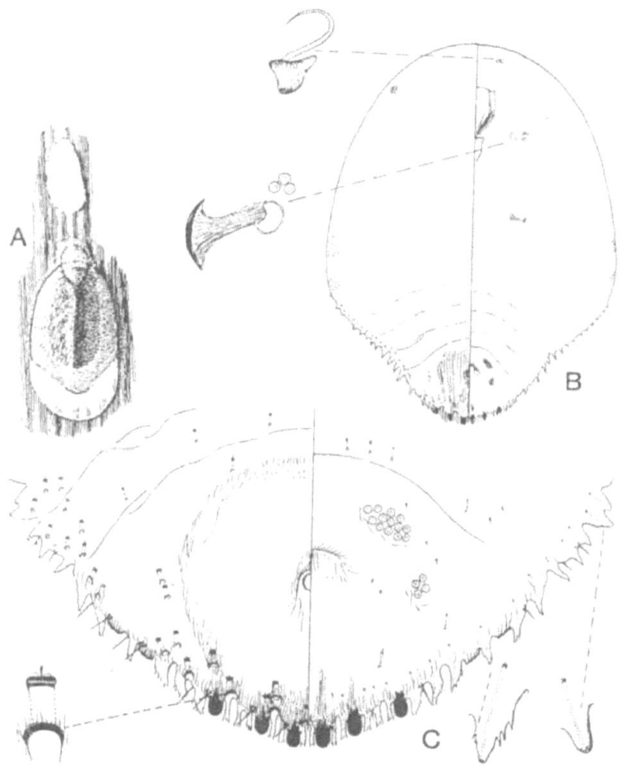

Diaspididae, Parlatoriini. *Parlatoria blanchardi* (Targioni Tozzetti), adult female A, Scale cover, general appearance. B, General features. C, Pygidium, general features. (From Ferris, 1937).

- Placas do pigídio não glandulíferas; macroduto dorsal sem esse anel; antenas com duas ou mais cerdas; lóbulos entalhados; fêmea adulta pupilífera ....*Leucaspidini*

<u>*(3* **géneros)**</u>

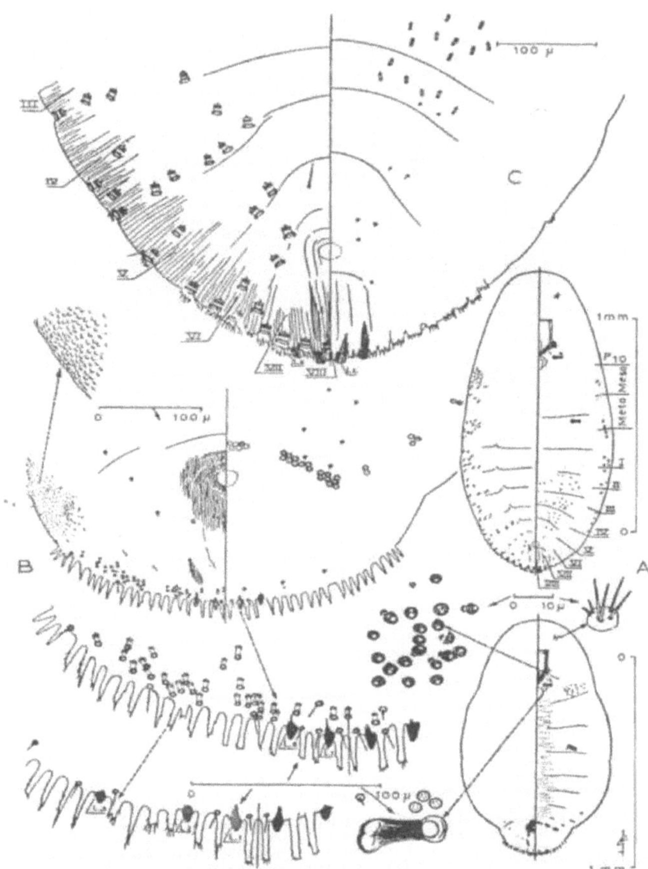

Diaspididae, Leucaspidini. *Leucaspis pini* (Hartig). A, Adult female, general features. B, Pygidium of adult female, general features. C, Second instar female outline and general features of pygidium. (From Balachowsky, 1953).

7. LISTA DE GÉNEROS E ESPÉCIES DA FAMÍLIA DIASPIDIDAE PRESENTES NO EGIPTO

Subfamília: Aspidiotinae

1. Tribo: Aspidiotini

***Abgrallaspis* Balachowsky,1948**
- *cyanophylli* (Signoret, 1869)

***Aonidia* Targioni Tozzetti,1868**
- *lauri* (ouch)

***Aonidiella* Berlese & Leonardi,1896**
- *aurantii* (Maskell,1879)
- *citrina* (Coquillett,1891)
- *orientalis* (Newstead,1894)

***Aspidaspis* Ferris,1938**
- *longiloba* (Hall,1923)

***Aspidiotus* Bouche,1833**
- *destructor* Signoret,1869
- *nerii* Bouche,1833

***Chortinaspis* Ferris,1938**
- *senapirensis* Ben-Dov,1976

***Chrysomphalus* Ashmead,1880**
- *aonidum* (Linnaeus,1758)
- *dictyospermi* (Morgan,1889)

***Clavaspidiotus* Takagi & Kawani,1966**
- *apicalis* Takagi,1974

***Diaspidiotus* Berlese in Berlese & Leonardi,1896**
- *ancylus* (Putman, 1878)
- *cecconii* (Leonardi, 1908)
- *ostreaeformis* (Curtis,1843)
- *perniciosus* (Comstock,1881)
- *pyri* (Lichtenstein,1881)

***Dynaspidiotus* Thiem & Gerneek,1934**
- *britannicus* (Newstead,1898)
- *ephedrarum* (Lindinger,1912)

***Gonaspidiotus* MacGillivray,1921**

- *seurati* (Marchal,1911)

***Hemiberlesia* Cockerell,1897**

- *lataniae* (Signoret,1869)
- *rapax* (Comstock,1881)

***Lindingaspis* MacGillivray,1921**

- *floridana* Ferris,1942

***Melanaspis* Cockerell,1897**

- *inopinata* (Leonardi,1913)

***Morganella* Cockerell,1897**

- *longispina* (Morgan,1889)

***Mycetaspis* Cockerell,1897**

- *personata* (Comstock,1883)

***Oceanaspidiotus* Takagi,1984**

- *spinosus* (Comstock,1883)

***Pseudaonidia* Cockerell,1897**

- *trilobitiformis* (Green,1896)

***Pseudotargionia* Lindinger,1912**

- *glandulosa* (Newstead,1907)

***Rhizaspidiotus* MacGillivray,1921**

- *canariensis* (Lindinger,1911)
- *graminis* Borchsenius,1955

***Targionia* Signoret,1896**

- *haloxyloni* Hall,1926
- *nigra* (Signoret,1868)

2. Tribo: Odonaspidini

***Odonaspis* Leonardi,1897**

- *panici* (Hall,1926)
- *ruthae* Kotinsky,1915

Salão *Osiraspis*, 1923

- *Balteata* Hall,1923

***Prodiaspis* Young in Young & Wang,1984**

- *sinensis* Tang,1986
- *tamaricicola* (Malenotti,1916)

3.Tribo : Leucaspidini

***Leucaspis* Signoret,1869**

- *pini* (Hartig,1839)
- *pusilla* Low,1883
- *riccae* Targioni Tozzetti,1881

***Mongrovaspis* Bodenheimer,1951**

- *quadrispinosa* (Green,1934)

***Salicicola* Lindinger,1905**

- *kermanensis* (Lindinger,1908)

4. Tribo : Parlatoriini

***Chryptoparlatoreopsis* Borchsenius,1947**

- *halli* Bodenheimer,1929

***Parlatoreopsis* Lindinger,1912**

- *longispina* (Newstead,1911)

***Parlatoria* Targioni Tozzetti,1868**

- *blanchardi* (Targioni Tozzetti,1892)
- *camelliae* Comstock,1883
- *crotonis* Douglas,1887
- *ephedrae* (Lindinger,1911)
- *oleae* (Colvee,1880)
- *pergandii* Comstock,1881
- *proteus* (Curtis,1843)
- *ziziphi* (Lucas,1853)

Subfamília: Diaspidinae
1. Tribo: Diaspidini

***Aulacaspis* Cockerell,1893**

- *herbae* (Green,1899)
- *rosae* (Bouche,1833)
- *tubercularis* Newstead,1906

***Carulaspis* MacGillivray,1921**

- *minima* (Signoret,1869)

***Chionaspis* Signoret,1800**

- etrusca Leonardi,1920

***Contigaspis* MacGillivray,1921**

- *bilobis* (Newstead,1895)
- *farsetiae* (Hall,1926)

- *zillae* (Hall,1923)

***Diaspis* Costa,1828**

- *boisduvalii* Signoret,1869
- *bromeliae* (Kerner,1778)
- *equinocacti* (Bouche ,1833)

***Duplachionaspis* MacGillivray,1921**

- *mondi* (Rungs,1943)
- *natalensis* (Maskell,1896)
- *noaeae* (Hall,1925)

***Fiorinia* Targioni & Tozzetti,1868**

- *fioriniae* (Targioni Tozzetti,1867)
- *phoenicis* Balachowsky,1967

***Furchadaspis* MacGillivray,1921**

- *zamiae* (Morgan,1890)

***Ischnaspis* Douglas,1887**

- *longirostris* (Signoret,1882)

***Lineaspis* MacGillivray,1921**

- *striata* (Newstead,1897)

***Mercetaspis* Gomez-Menor Ortega,1927**

- *bicuspis* (Hall,1923)
- *halli* (Green,1923)
- *isis* (Hall,1923)

***Pallulaspis* Ferris,1937**

- *retamae* (Hall,1926)

***Pinnaspis* Cockerell,1892**

- *aspidistrae aspidistrae* (Signoret,1869)
- *baxi* (Bouche ",1851)
- *strachani* (Cooley,1899)

***Pseudaulacaspis* MacGillivray,1921**

- *cockerelli* (Cooley,1897)
- *pentagona* (Targioni Tozzetti,1886)

***Rungaspis* Balachowsky,1949**

- *capparidis* (Bodenheimer,1929)

***Unaspis* MacGillivray,1921**

- *citri* (Comstock,1883)
- *euonymi* (Comstock,1881)

2. Tribo: Lepidosaphidini

***Acanthomytilus* Borchsenius,1947**

- *intermitentes* (Hall,1924)
- *sacchari* (Hall,1923)

***Lepidosaphes* Shimer,1868**

- *beckii* (Newman,1869)
- *conchiformis* (Gmelin,1789)
- *gloverii* (Packard,1869)
- *juniperi* (Lindinger,1912)
- *pallidula* (Williams,1969)
- *pinnaeformis* (Bouche ,1851)
- *tapleyi* (Williams,1960)
- *ulmi* (Linnaeus,1758)

REFERÊNCIAS SELECCIONADAS

Andersen, J.C., Wu, J., Gruwell, M.E., Gwiazdowski, R., Santana, S.E., Feliciano, N.M., Morse, G.E. & Normark, B.B. 2010. Uma análise filogenética de cochonilhas blindadas (Hemiptera: Diaspididae), baseada em sequências de genes nucleares, mitocondriais e endossimbiontes. Molecular Phylogenetics and Evolution 57: 992-1003

Balachowsky, A.S. 1948b. Les cochenilles de France, d'Europe, du nord de l'Afrique et du bassin Mediterraneen. IV. Monographie des Coccoidea, classification - Diaspidinae (Premiere partie). Entomologie Appliquee Actualites Scientifiques et Industrielles 1054: 243-394.

Balachowsky, A.S. 1950b. Les cochenilles de France, d'Europe, du Nord de l'Afrique et du Bassin Mediterraneen. V. - Monographie des Coccoidea; Diaspidinae (deuxieme partie) Aspidiotini. Entomologique Applicata Actualites Sciences et Industrielles 1087: 397-557.

Balachowsky, A.S. 1951. Les cochenilles de France, d'Europe, du Nord de l'Afrique et du bassin Mediterraneen. VI. - Monographie des Coccoidea; Diaspidinae (Troisieme partie) Aspidiotini (fin). Entomologie Appliquee Actualites Scientifiques et Industrielles 1127: 561-720.

Balachowsky, A.S. 1954f. Sur l'origine et le developpement des insectes nuisibles aux plantes cultivees dans les Oasis du Sahara Francais. 90-103 In: Cloudsley-Thompson, J.L. (ed.), Biology of Deserts Proceedings of Symposium Inst. Biol. Página 70

Balachowsky, A.S. 1956. Les cochenilles du continent Africain Noir. V.1- Aspidiotini (1ere partie). Annales du Musee Royal du Congo Belge (Sciences Zoologiques). Tervuren 3: 1-142.

Balachowsky, A.S. 1958b. Les cochenilles du continent Africain Noir. v. 2 Aspidiotini (2me partie), Odonaspidini and Parlatoriini. Annales du Musee Royal du Congo Belge (Sciences Zoologiques). Tervuren 4: 149-356.

Ben-Dov, Y. 1990a. 1.1.4.2 Caracteres taxonómicos. 85-91 In: Rosen, D. (Ed.), Armored Scale Insects, Their Biology, Natural Enemies and Control [Título da série: World Crop Pests, Vol. 4A]. Elsevier, Amesterdão, Países Baixos. 384 pp.

Ben-Dov, Y. 2006a. Sobre alguns registos de insectos cochonilhas do Reino da Jordânia (Hem., Coccoidea). Bulletin de la Societe Entomologique de France 111(2): 147.

Ben-Dov, Y. & German, V. 2003. In: , A Systematic Catalogue of the Diaspididae (Armoured Scale Insects) of the World, Subfamilies Aspidiotinae, Comstockiellinae and Odonaspidinae.
Intercept, Andover, Hants, U.K.. 1112 pp.

Borchsenius, N.S. 1965. [Ensaio sobre a classificação das cochonilhas armadas (Homoptera, Coccoidea, Diaspididae). (Em russo). Entomologicheskoe Obozrenye 44: 208-214.

Borchsenius, N.S. 1966. [A catalogue of the armoured scale insects (Diaspidoidea) of the world] (em russo). Nauka, Moscovo e Leninegrado. 449 pp.

Danzig, E.M. 1993. (Em russo). In: Fauna da Rússia e países vizinhos. Rhynchota, Volume X: subordem dos insectos cochonilhas (Coccinea): famílias Phoenicococcidae e Page 71
Diaspididae]. Editora 'Nauka', São Petersburgo. 452 pp.

Danzig, E.M. & Pellizzari, G. 1998. Diaspididae. 172-370 In:
Kozar, F., Ed., Catalogue of Palaearctic Coccoidea. Instituto de Proteção das Plantas, Academia Húngara de Ciências, Budapeste, Hungria. 526 pp.

Ezzat, Y.M. 1958. Classificação dos insectos cochonilhas, família Diaspididae, conhecidos no Egipto [Homoptera: Coccoidea]. Bulletin de la Societe Entomologique d'Egypte 42: 233-251.

Ezzat, Y.M. & Afifi, S. 1966. Redescrição e classificação das cochonilhas da família Diaspididae, originalmente descritas por W.J. Hall no Egipto (Homoptera: Coccoidea). Bulletin de la Societe Entomologique d'Egypte 49: 367-409.

Ezzat, Y.M. & Nada, S.M.A. 1987 (1986). Lista de Superfamílias Coccoidea conhecidos no Egipto. Bollettino del Laboratorio di Entomologia Agraria 'Filippo Silvestri' 43 (Suppl.): 85-90.

Ferris, G.F. 1937a, 1937c, 1938, 1938a, 1938b, 1941b, 1942. Atlas dos insectos cochonilhas da América do Norte. Séries 1-5. Stanford University Press, Palo Alto, Califórnia

Ghabbour, M.W. & Ezzat, Y.M. (1988) Overbridging certain gaps in the classification of the scale insects known to exist in Egypt. (Homoptera: Diaspididae) Tese de doutoramento Fac. De Agricultura. Universidade de Ain Shams.

Ghabbour, M.W. & Mohammad, Z.K. 1996. Os Diaspididae do Egipto (Coccoidea: Homoptera). Journal of the Egyptian German Society of Zoology 21(E): 337-369.

Gullan P.J., Cook L.G 2007. Phylojeny and higher classification of the scale insect (Hemiptrera: Sternorrhyncha: Coccoidea) Zootaxa 1668:413-425.

Hall, W.J. 1922. Observações sobre os Coccidae do Egipto. Boletim, Ministério da Agricultura, Egipto, Serviço Técnico e Científico 22: 1-54.

Hall, W.J. 1923. Further observations on the Coccidae of Egypt. Boletim, Ministério da Agricultura, Egipto, Serviço Técnico e Científico 36: 1-61.

Hall, W.J. 1928. Observations on the Coccidae of southern Rhodesia. - I. Bulletin of Entomological Research 19: 271-292 **Hall, W.J.** 1929. Observations on the Coccidae of southern Rhodesia. - II. Boletim de Investigação Entomológica 20: 345-358. **Hall, W.J.** 1946. Espécies novas ou pouco conhecidas de Diaspididae (Coccoidea) de África. Transactions of the Royal Entomological Society of London 97: 55-73.

Hall, W.J. & Williams, D.J. 1962. New Diaspididae (Homoptera: Coccoidea) from the Indo-Malayan region. Bulletin of the British Museum (Natural History) Entomology 13: 21-43.

Kozar, F. & Walter, J. 1985. Check-list of the Palaearctic Coccoidea (Homoptera). Folia Entomologica Hungarica 46: 63110.

McKenzie, H.L. 1945. Revisão de ***Parlatoria*** e géneros afins. (Homoptera: Coccoidea: Diaspididae). Microentomologia 10: 47-121

McKenzie, H.L. 1956. As cochonilhas blindadas da Califórnia. Boletim do California Insect Survey 5: 1-209.

Miller, D.R. & Davidson, J.A. 1998. Uma nova espécie de cochonilha armada (Hemiptera: Coccoidea: Diaspididae) anteriormente confundida com ***Hemiberlesia diffinis*** (Newstead). Actas da Sociedade Entomológica de Washington 100: 193-201.

Miller, D.R. & Davidson, J.A. 2005. In: , Armored Scale Insect Pests of Trees and Shrubs. Cornell Univ. Press, Ithaca, NY. 442 pp **Miller, D.R., Williams, D.J. & Davidson, J.A.** 2006. Key to conifer-infesting species of ***Lepidosaphes*** Shimer worldwide (Hemiptera: Coccoidea: Diaspididae), with descriptions of two new species and a redescription of ***L. pallidula*** (Williams). Zootaxa 1362: 23-42.

Mohammed, Z.K. & Ghabbour, M.W. 2008. Atualização da lista da superfamília Coccoidea (Hemiptrera) conhecida no Egipto. J. Egypt Ger. Soc. Zool: 146-162.

Nakahara, S. 1982. In: , Checklist of the armored scales (Homoptera: Diaspididae) of the conterminous United States. Departamento de Agricultura dos Estados Unidos, Serviço de Inspeção Sanitária Animal e Vegetal, . 110 pp.

Scalenet, (http://198.77.169.79/scalenet/query.htm)

Takagi, S. 1969a. Diaspididae of Taiwan based on material collected in connection with the Japan-U.S. Co-operative Science Programme, 1965 (Homoptera: Coccoidea). Parte I. Insecta Matsumurana 32: 1-110

Takagi, S. 1970. Diaspididae of Taiwan based on material collected in connection with the Japan-U.S. Cooperative Science Programme, 1965 (Homoptera: Coccoidea). Pt. II. Insecta Matsumurana 33: 1-146.

Takagi, S. 2003. Alguns diaspidídeos escavadores do leste da Ásia (Homoptera: Coccoidea). Insecta Matsumurana (Nova Série) 60: 67-173.

Takagi, S. 2008. Um extraordinário género pupilar de insectos cochonilhas associado a Annonaceae na Ásia tropical (Sternorrhyncha: Coccoidea: Diaspididae). Insecta Matsumurana (Nova Série) 64: 81-115.

Watson, G.W. 2002 (2001). A pictorial key to important Diaspididae (Hemiptera: Coccoidea) of the world. Bollettino di Zoologia Agraria e di Bachicoltura (Milano) 33(3): 175-178.

Williams, D.J. 1969a. The family-group names of the scale insects (Hemiptera: Coccoidea). Bulletin of the British Museum (Natural History) Entomology 23: 315-341.

Williams, D.J. & Watson, G.W. 1988. In: , The Scale Insects of the Tropical South Pacific Region. Pt. 1. The Armoured Scales (Diaspididae). Instituto Internacional de Entomologia CAB, Londres. 290 pp.

Williams, D.J. & Miller, D.R. 2010. Insectos cochonilhas (Hemiptera: Sternorrhyncha: Coccoidea) das ilhas Krakatau, incluindo espécies da ilha adjacente de Java. Zootaxa 2451: 43-52.

Printed by Books on Demand GmbH, Norderstedt / Germany